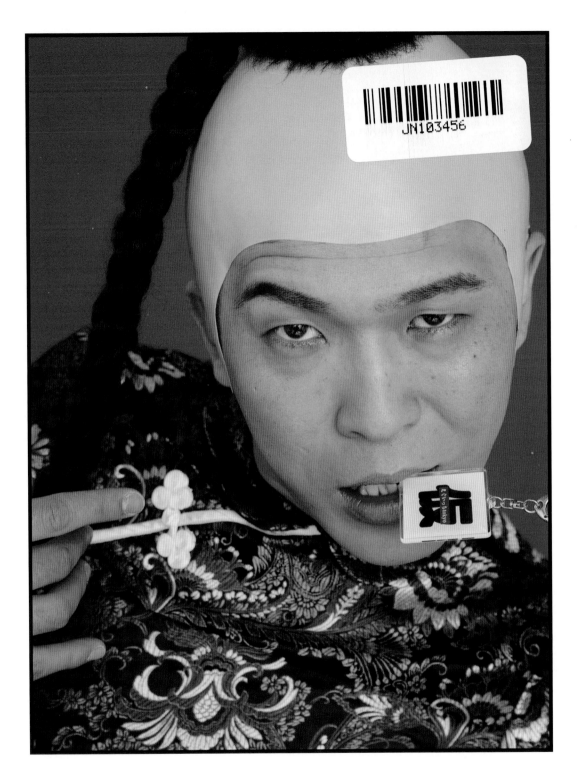

EGUICCHI

SHUN NAKAMURA

9BANGAI RETRO

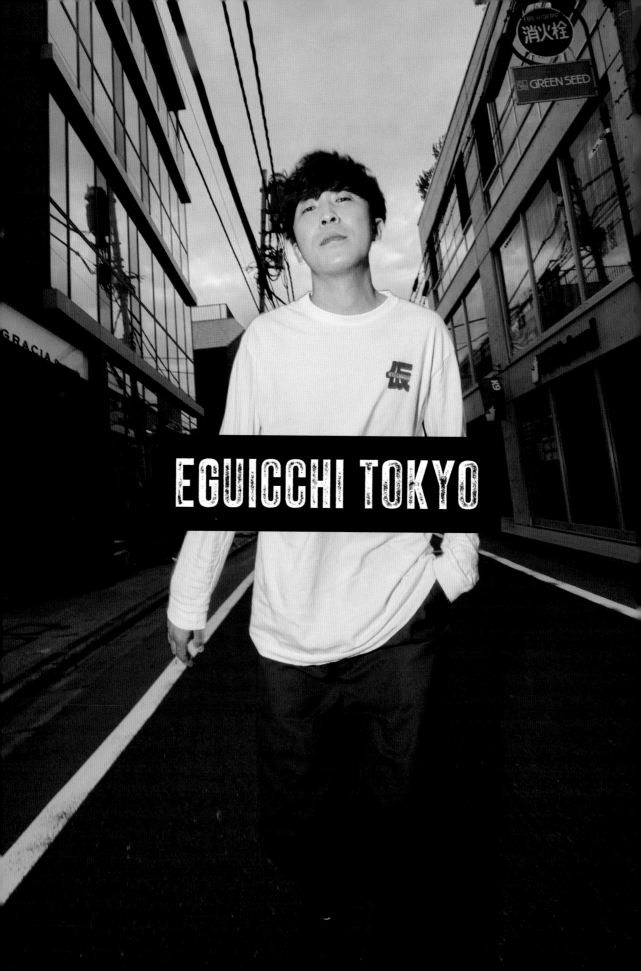

EGUICCHI TOKYO

えぐいっち
tokyo

（紙）

（CONTENTS ）

Eguicchi Tokyo
{kami}
by Nakamura☆Shun
2023—2024

Eguichi Tokyo [kami]
2023-2024

（ CORRELATION DIAGRAM ）

うちだすぺしゃるはーたみん
足腰げんき教室

4連勝中

男はーたみん

女なかむら☆しゅん

鈴子
鈴木バイダン

都合のいい女

ライバル

大阪

おもみちゃん
週末（シスター）

全然アリ

痛ファン

フースーヤinfo

同じ年に
吉本の養成所（NSC）
に入っていた（同期）

前回大会で同じ日だった

大事に大事に育てた

田中ショータイム／谷口理
フースーヤ

早くボケて欲しくてたまらない

ユビッジャ・ポポポー

認めてない　認めてる

ひでき
タイムキーパー

同一人物

大誠
センチネル

別に仲良くない

ライバル

浦田スターク
cacao

体制
兄弟

お笑い芸人

憧れ

ほんまはもっと紹介したかった

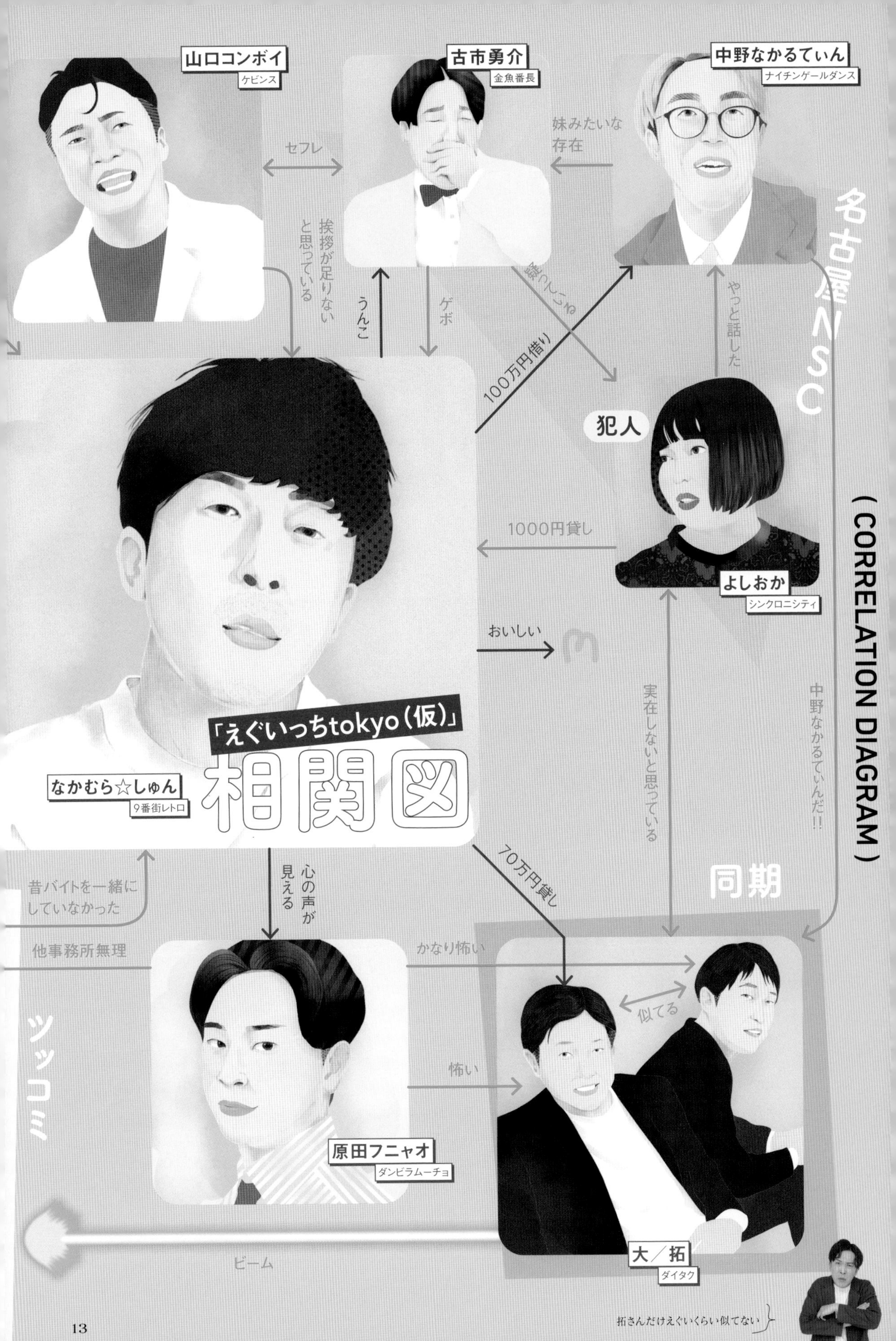

山口コンボイ
ケビンス

古市勇介
金魚番長

中野なかるてぃん
ナイチンゲールダンス

セフレ

妹みたいな存在

挨拶が足りないと思っている

うんこ

ゲボ

嫁のんごね

100万円借り

やっと話した

名古屋NSC

（CORRELATION DIAGRAM）

犯人

よしおか
シンクロニシティ

1000円貸し

中野なかるてぃんだ!!

「えぐいっちtokyo（仮）」
相関図

おいしい

実在しないと思っている

なかむら☆しゅん
9番街レトロ

昔バイトを一緒にしていなかった

心の声が見える

70万円貸し

同期

他事務所無理

かなり怖い

ツッコミ

似てる

怖い

原田フニャオ
ダンビラムーチョ

ビーム

大／拓
ダイタク

拓さんだけえぐいくらい似てない♪

Eguicchi Tokyo
{Kami}
2023—2024

「えぐいっちtokyo（仮）」

以前、

Photo by Ono Tsutomu(ACUSYU)
Text by Lamune Hokota
Hair&Make by Harumi Ikenaga

（ SOLO INTERVIEW ）

YouTube界に彗星の如く現れたチャンネル「えぐいっちtokyo（仮）」
チャンネル名に9番街レトロ・なかむら☆しゅんの名前もなければ、
動画冒頭の挨拶はいつも他人ごとの様子。
企画も、出てくる演者も毎回バラバラ。
1分弱の動画たちはボケるだけボケて颯爽とエンディングを迎える。

格好がいい。
「面白かったらいいじゃない」
そんなクールな姿勢が「えぐいっちtokyo（仮）」からは窺える。

一番芸人らしいYouTubeって、
もしかしたらこんなチャンネルなのかもしれない。

Before, After
Eguicchi Tokyo {kari}

以後

｛おれの意見ではない。ほんまに

さかむけきれいにしといたらよかった

面白いことは残しておきたい

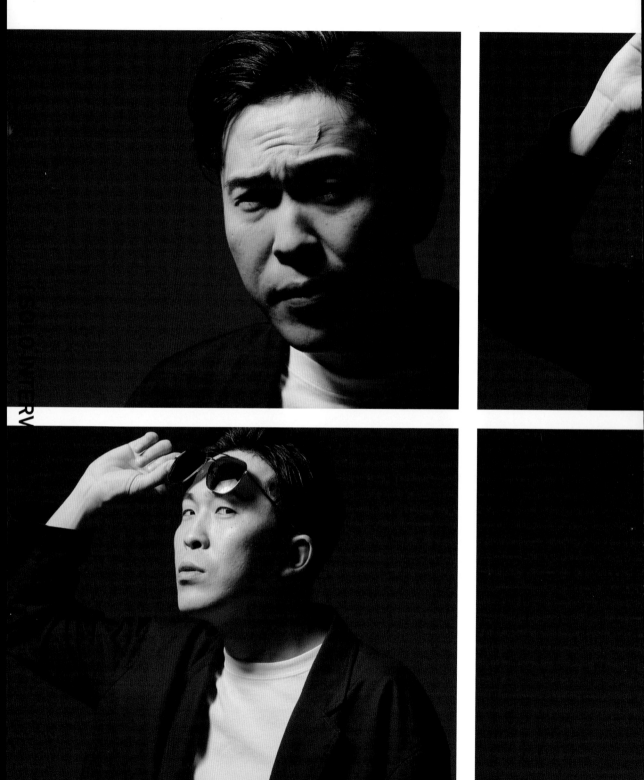

Eguiichi Tokyo
[Kami]
2023—2024

右上の写真は「…ちょっと待って、隕石…？」です

——「えぐいっちtokyo（仮）」、ストロングなチャンネルですよね。どういうチャンネルにしようと思ってはじめたんですか？

なかむら　それしゃべったことないかもしれないですね。前から漠然と個人チャンネルをやりたいとは思ってたんです。動画の中にボケが絶対ある、面白動画が並んでるだけの個人チャンネルを作りたくて。腰が重くてなかなかはじめられてなかったんですけど。

——はじめるにはなにか直接のきっかけがあったんですか？
なかむら　最後の最後、立ち上げようって決めたのは2年前くらいの祇園（花月）の本公演がきっかけですね。本公演って師匠方も一緒に出られるから遅刻なんか絶対に許されへんライブなんですけど、その日新幹線で京都駅に降りれなくて。新幹線ってものすごい勢いで降りたいとこから離れていくじゃないですか（笑）。結局新大阪からすぐ戻って全然間に合ったんですけど、そのときは次が新大阪とか考えられなくて、「これ信じられへんとこまで連れて行かれるかも」って絶望してたんです。そういうデカめのハプニングがポンポンポンって続いたときに、これ残したほうがいいなと思った人ですよね。次なにが起きても記録として残せるように、とりあえずチャンネルを立ち上げようかって。
体制　電車でゲボかけられたりとかありましたもんね。
なかむら　そうそう、忘れ物とか病気とかもめっちゃ続いて、毎日こんなことあるなら記録しないともったいないなと思ったんです。

——なかむらさんのリアルを残すチャンネルとしてはじまったんですね。
なかむら　やりはじめていくうちにそれがどんどん明確になって行きました。今「えぐいっちtokyo（仮）」に上がってる動画ってボケorリアルなんです。

——リアルはそういうハプニングだとして、ボケのほうは楽屋などで即興で回している動画のことですか？
なかむら　そうですね。それこそ体制とかと一緒にしゃべってるときに、おもろいクダリができたら「これもうえぐいっちやな」って動画回すようにしてます。だから実は即興というより再放送に近いんですけど（笑）。普通の会話の中でふざけて、これや！って思ったらすぐ撮影してるので。
体制　言っていいんですか？（笑）
なかむら　まあいいんじゃない？

——動画の長さも特徴的です。コメント欄で視聴者さんにも指摘をされることが多いですが、1分前後の動画が多い。
体制　これってなにか打算みたいなものもあるんですか？
なかむら　別に短いほうが伸びるんちゃうかとかは考えてないんです。面白くなったらなんでもいいんですけど、完全にひとりでやってるから単純に編集が難しくて。
体制　短くしようしようがあるわけじゃない。
なかむら　30秒でもおもろかったら、それはそれで編集も楽やしって感じで。

次ページに続く

おでこの傷は雨の日光るよ

—— YouTubeでは、収益のために動画の時間を8分にするとかよく言いますよね。

なかむら 「なかむら☆しゅん集」っていう、劇場の映像をまとめてひとつの動画にしたやつがあるんですけど、8分にしてるんはあれぐらいじゃないですかね。

体制 あれいいですよね〜。

なかむら あれいい？

体制 はい。

なかむら どういい？

体制 めっちゃ面白いです。

なかむら どこが面白い？

体制 やめてよ！（笑）いや、いいでしょあれ。芸人からしたら勉強になるし。

なかむら お、勉強になる。なにが勉強になる？

体制 なによそれもう！

なかむら どういいか普通に教えてほしいやん。

——気になります。

なかむら そうですよね？

体制 お客さんの笑かし方の角度ってこんなにあるんだ、とか。表情が堂々としてる人ってやっぱ面白いなとか。いろんな劇場での動画が上がってるのに、全部自分の空気にしてるし。

なかむら 正解！

体制 正解ってなに？

——たしかに「なかむら☆しゅん集」は「えぐいっちtokyo（仮）」の中でも特殊ですよね。どういう位置付けのシリーズなんでしょう？

なかむら あれも実は最初からやりたかった動画の一個で。

体制 あれがあることでどんなライブでも頑張れるって言ってましたよね。

なかむら そう、ライブって神保町やと多くてお客さんが100人とかじゃないですか。「今日のあれすごかったな」みたいに爆発的にウケることがあっても、2日後にはもう誰も覚えてないんですよ。

体制 そうですね。お客さんも忘れてますね。

なかむら うん、下手したら周りの演者も忘れてる。その人の経験とか財産にはなるんですけど、それでももったいないなとはずっと思ってて。それをまとめて出したら、なんやおもろいぞと思ってくれる人が増えるかもしれない。最近はあんまないんですけど、めっちゃお客さんの少ないライブとかも最悪映像のためって思えますし。

体制 それめっちゃいい循環っすよね。

——ライブのもったいないを動画にできたらっていう考えがあったんですね。

なかむら そうっすね再利用です。でも逆にネタと一緒で、おんなじクダリができひんくなるのもありますけどね。「なかむら☆しゅん集」で見たやつやってなったらハズいっすから。

体制 クダリで「あれ見たことある」って思われるの、ネタ以上に恥ずかしいかも。

なかむら そうそう、ほんまのところは即興に見えるクダリもみんな引き出しでやってるやん。あの動画はその引き出しを全部お見せしてるってことやから。

体制 アップしたらもう使えなくなるってことなんだ。しんどいな。

若手芸人の取扱説明書

——「えぐいっちtokyo（仮）」は誰に見てほしいんですか？ファンの人というよりは、もっと広がってほしいという気持ちもあるのでしょうか？

なかむら どうなんですかね。ファンの人が喜ぶことを考えたら、私生活をお見せするみたいな、絶対もっとちゃう動画ですよね。そう考えたら「えぐいっちtokyo（仮）」は真逆です（笑）。まあ私生活って言えば私生活ですけど、物なくしたり人生のハプニングの部分だけ見せてます。

——自己紹介も9番街レトロのなかむら☆しゅん、ということを押し出してないですよね。

なかむら そうですね。このチャンネルでは正直僕が誰とかどうでもいい。なんか面白い動画やと思ってもらえたら。だから自己紹介でもずっと「倖田來未です」って言ってますし。もちろん知名度は上がってほしいですけど、それにすごい振ってるチャンネルではないと思います。

一日一善っ!!

———再生回数は気にしていますか？

なかむら 気にしてますけど、今はボケるほうを優先しちゃってます。カジサックさんと撮らせてもらった動画も、ほんまはサムネでカジサックさんを出したら何十万回まわるんですよ。でも最後にカジサックさんがカメラ回してましたってちらって映る動画じゃないですか。そっちを重視したい。結局オーソドックスなサムネになってるので、なんならいつもの動画よりまわってないですし（笑）。だからこの先もシンプルコラボとかができないんですよ。サムネで今日は〇〇チャンネルとコラボですみたいなのができないっすから。

———それこそ体制さんが目の前にいますけど、ゲストや出演者さんの人選にはセオリーがあるんですか？

なかむら ツッコミが多いです。「えぐいっち」を支えるツッコミ軍団がいて、体制と（センチネル）大誠でしょ。（cacao）浦田、（鈴木）バイダン、（狛犬）櫛野、（タイムキーパー）ひできと（ゼロカラン）ワキもか。若手で有望とされてるツッコミは全員使ってます。ズルいチャンネルっすよ。みんな間違ったツッコミをせえへん、言ってほしいこと言ってくれる人ですね。

———だいぶ先輩ですけど、体制さんもなかむらさんにガンガン行きますよね。

なかむら かわいいでしょこいつ。

体制 覚えてるかわかんないんですけど、この前飲んでるときにしゅんさんが酔っ払ってめっちゃうれしいこと言ってくれたんですよ。

なかむら なんて言ってた？

体制 「えぐいっち」に後輩を出すときは、基本オチを決めて自分が面白いと思う風にやっちゃうことが多いけど、僕とかはあんま決めずに回せちゃってる、みたいな。

なかむら そうですね、体制もですけどそういう"生回し"ができる人は何人かいます。

体制 "生回し"（笑）。

なかむら カメラを急に置いて、こっちが勝手にふざけまくってもなんとかしてくれる人。体制とか浦田とか秀樹。本物ツッコミのやつらです。

——— 神保町芸人さんの"取り扱い説明書"じゃないですけど、「えぐいっちtokyo（仮）」には若手芸人がすごくいい形で出られてると思います。

体制 僕はマジでそうです。

なかむら おもみちゃんとかはもしかしたらそうかもしれないですね。

体制 僕も「えぐいっちtokyo（仮）」で知ったもんな。

なかむら 『劇場版』でもちゃんとおもろかったやろ。

体制 めっちゃ面白かったっすね。マジでおもみちゃんの時間すごかった。

なかむら 失礼なんですけど、このチャンネルはまだあんま有名じゃないおもろい奴らで戦いたいんですよ。あくまでも僕の初期衝動で、これからもずっとそうしたいとかではないんですけど。

『劇場版 えぐいっちtokyo（仮）』

——— それでいうと『劇場版』は大成功でしたね。

体制 やばかった。完璧でしたよね。

なかむら 『劇場版』なんかはもう再放送も再放送ですからね。動画でやってる原田さんの【胸糞】のクダリをやりたくて、最初の最初はそれしか決まってませんでした。

体制 でも『劇場版』はボケのライブだったなって感じがして、俺は結構悔しかったです。俺がまずまだまだっていうのはあるけど。

———ボケのライブだったっていうのは？

体制 もちろんボケの人が全員面白いからっていうのが大前提なんですけど、お客さんが覚えてるのはたぶんボケの人の発言だったり動きだったんだろうなと思って。

次ページに続く

의무 교육

なかむら　ライブ全体がある程度うまくいってるとツッコミって困るんかもな。ボケでポンって笑いが取れちゃって、ツッコミが必要なくなる。

体制　そう、だからいいライブだったのは間違いないんです。全員楽しんで帰ったんで。YouTubeみたいに画面にふたりしかいなくて、自分のことを全員が見てる場だと自分の間でいけるけど、やっぱライブだと早いもん勝ちだし、声もでかくなきゃいけないし。もう全然ペーペーだなってあの日めっちゃ感じました。

なかむら　間とかマジで難しいよなあ。聞こえさせなあかんタイミングで入れ込まんとダメやし。でも声通るか通らんかはもう無理なんちゃう？

体制　いやでも、頑張ります。諦めてないです。

なかむら　諦めたほうがいいんちゃう？

体制　なんでよ（笑）。

なかむら　でもそこで体制のことを見損なったと思う人はおらんと思うけど。

体制　でも、大人数の平場でも体制がいたほうがいいってなりたいです。

なかむら　いや、いなくていい！

体制　なんでだよ！　見とけよ。

なかむら　見ない！

体制　見てはいてよ。見てがっかりしてよ。見ないでどっか行かないでよ。

──『劇場版』は反省点も残るというお話は、別の切り口でなかむらさんもお話しされてました。

なかむら　ライブとしては素晴らしかったんですけど、ちょっと僕が真人間になる時間が長かったですよね。「この後なんて言うでしょう」の企画でも「俺言いそうやわそれ」とかちゃんと言ってて、なんか普通にMCしてんなと思って。自分がどう思われたい人やったっけと考えたときに、別にいいライブを作れるやつって思われたいわけじゃない。そんなにクリエイティブなとこ見せたくてやってるんじゃないので。なかむら☆しゅんでポンと笑かす場面はあんまなかったんで、もうちょっとボケ側に回ってふざけたかったです。あと90分っていうのも意外とむずいなと思いました。僕大体のライブが60分でいいと思うんすよ。そのほうがアホみたいに盛り上がったまま終われるというか。

体制　90分史上一番おもろかったですけどね。

──本当にそうでした。

なかむら　2年後とかにまたやりたいです。今回は全部出したっすから、またいっぱい溜まってから。人も変わると思いますよ。この人もういいやとかはないですけど、あんま見んくなって、と

かもたぶんあると思うんで。一回目に出てくれてる人たちはみんなずっと出てほしいなと思います。

──「えぐいっちtokyo（仮）」の活動はなかむらさんの芸人活動に影響を与えていますか？

なかむら　それはめっちゃあるっすね。「えぐいっち」でやろうと思ったクダリが、ネタになりそうってなったら京極に言ったりします。そのために「えぐいっち」で消費しないで一回動画をステイしたりしますね。漫才で使えるんだったら一本の動画になるより絶対いい。

体制　言ってましたね。「えぐいっちtokyo（仮）」がはじまってから、普段の生活でも面白いことを考える種類も時間も増えたって。

なかむら　正直いいことしかないと思いますね。平場でも、「えぐいっち」でやったことをコンビでやったりもするんで。それこそ『劇場版』でもやった「人脈！」みたいなコールアンドレスポンスも漫才のツカミになりましたし。全部がなにかに活きてると思いますね。これまでやったら面白い会話が生まれても家に帰るだけやったんですけど、舞台上でやったクダリを「なかむら☆しゅん集」で出すみたいに、普段の会話でもどっかで「えぐいっちtokyo（仮）」のことを考えながらしゃべってる。その動きになんか意味はありそうな気がしてます。

──なかむらさんが一番芸人ってことかもしれないですね。

体制　え、いつその結論になったんですか？

なかむら　そうです、僕が一番芸人ってことなんです。

体制　あ、そうなの？　じゃあ今わかってないの俺だけだ。すいません、そういう話だったんですね。

なかむら　待ってんで！

体制　待っててください（笑）。俺だけ全然たどり着いてなかったなあ。

──最後の質問ですけど、登録者数が急激に増えたときにこのチャンネルはどうなると思いますか？

なかむら　どうなんでしょう、変わんないんじゃないですか。

──芸人さんのYouTubeって成功者になればなるほど見え方として大変なことも増えるのかなと思っていて。

なかむら　まああんまりお金稼ぎしてるチャンネルやと思われたくないですね。『劇場版』も配信チケットが5000枚売れたってなったときに、出演者全員に給料を全部振り分けましたし。僕単体で言ったら赤字になるんですよ。ダイタクさんの30万とか、スタッフさんに払ってるお金とかを考えたら僕自身ちょい赤。このチャンネルで稼ぐことを考えるのはちょっとだけまだいいかなって感じです。めっちゃ欲しくなったらやりますけど。

そうです、
僕が一番芸人ってことなんです。

この時はそういうてるけど、黒になりました

(SOLO INTERVIEW)

※フィクションです

「えぐいっちtokyo（仮）」の基礎でマスト視聴な動画40

「えぐいっちtokyo（仮）」が誇るおよそ200の動画（2024年6月現在）から、編集部が完全主観でマストチェックな動画をセレクト。えぐいっちのヘビーウォッチャーも、これからなかむら☆しゅんの深淵に触れるえぐいっち新規も満足していただける、"まずはここから"の動画をセレクトしました。全部面白いですし、なによりすぐに見終わることかと思います。

（NICE! NICE! MOVIE）

なんか急に
痛くない
叩きツッコミを
教えてきた

VIDEO LENGTH 1:51

中国からきた
質問ファイター

VIDEO LENGTH 0:45

見送りの
テンションが
ミスってる後輩

VIDEO LENGTH 1:38

ご飯食べたら
再生回数
伸びるらしい！

VIDEO LENGTH 0:20

受験の
合格発表の
テンション。

VIDEO LENGTH 0:46

後輩に
先輩の背中見せる。

VIDEO LENGTH 3:42

難しすぎるクイズを
出題

VIDEO LENGTH 0:48

【暴露】
山口コ○ボイの闇

VIDEO LENGTH 2:10

朝ごはんつくる

VIDEO LENGTH 1:08

お金がもらえる
チャンスをあげた

VIDEO LENGTH 2:27

後輩に
10万円ゲットの
チャンスをあげる

VIDEO LENGTH 2:02

自分だけ顔が違って
かなり気まずい

VIDEO LENGTH 0:16

後輩と
コミュニケーション
とろうとしてミスる

VIDEO LENGTH 0:16

軟水が
解散してほしくない
理由10選

VIDEO LENGTH 1:08

街によくいない
こわい奴

VIDEO LENGTH 0:38

【胸糞】
舞台袖で心の声

VIDEO LENGTH 0:15

仲良い後輩に
いっぱい
なんか厳しく
言われた

VIDEO LENGTH 3:52

【閲覧注意】
あげるか迷った動画。

VIDEO LENGTH 0:37

【貴重映像】
軟水が
解散を取りやめた
瞬間

VIDEO LENGTH 2:33

お前、あの時の……

心の声

【貴重】
久しぶりに
お母さんと話す

VIDEO LENGTH　8:01

【ネタ動画】
相方が休んで
急遽ドレスきて
ピンネタ

VIDEO LENGTH　3:29

M-1準決勝で
やろうとしていたネタ

VIDEO LENGTH　0:38

後輩の
凄すぎる特技を見て
さすがに涙

VIDEO LENGTH　0:56

ユビッジャ・ポポポー
と仲良し

VIDEO LENGTH　3:30

オリジナル
神保町よしもと
漫才劇場CM

VIDEO LENGTH　1:36

【ご報告】ついに
証拠掴みました

VIDEO LENGTH　5:05

衝撃ゴシップ
発表します。

VIDEO LENGTH　0:29

プロ怪談師から
怪談を聞く【後編】

VIDEO LENGTH　0:11

後輩にジュース
奢ったらキレられた

VIDEO LENGTH　3:22

後輩と激ウマの
パンを食べる

VIDEO LENGTH　0:23

出待ちで
ファンにされたら
嫌な事3選

VIDEO LENGTH　1:58

【胸糞】
心の声が漏れました

VIDEO LENGTH　0:16

後輩に尊敬
してくれているか
直接聞く

VIDEO LENGTH　1:08

【衝撃】
えぐい若手芸人
ゴシップを聞く

VIDEO LENGTH　1:09

仲良し
ユビッジャ・ポポポー
と真面目な話

VIDEO LENGTH　3:30

【ピンチ】
やばいのが
新聞に載った

VIDEO LENGTH　0:59

【ネタ動画】
出来ひんのに
漫談のライブに
呼ばれた

VIDEO LENGTH　2:56

【衝撃】
お散歩中に
見てはいけないもの
を見た

VIDEO LENGTH　0:18

【胸糞】
えぐいっちtokyo
書籍撮影

VIDEO LENGTH　0:19

【隠し撮り】
一瞬で
話を合わせられる男

VIDEO LENGTH　0:56

(BEHIND THE SCENES)

タバコ休憩のも使うんや

アユニさん、「えぐいっちtokyo。（仮）」って……知ってますよね？

アユニ・D（PEDRO）

（DIALOGUE）

Photo by Hiyori Korenaga
Text by Lamune Hakata

こ料ヤス誕生祭の日やで

「アユニ・Dさんが僕のこと知ってくれてるみたいです」
というなかむら☆さんの言葉を信じて一か八かアユニさんに対談のオファーを試みた。
その時点では「えぐいっち」視聴者である確証もないなか、
「なかむら☆しゅんさんのYouTubeの本が出るんですが……」と綱渡りの相談。
結果、見事対談が決定。
5月27日午後6時。
このあとアユニさんが出演する『ヤス生誕祭』開演2時間前に取材ははじまった。

（ DIALOGUE ）

洗濯機、かぶさん、えぐいっち

なかむら　アユニさん、今から（ナイチンゲールダンス）ヤスのライブに出るんですよね。

──　お笑いのライブに出演するなんて滅多にないことですよね。

アユニ　そうですね、誘っていただいたのはたぶん「かぶさん」がきっかけで。

なかむら　ナイチンゲールダンスのヤスとド桜のかつやまと一緒に「歌舞伎町に住み始めた3人」っていうYouTubeチャンネルをやってたんですけど、アユニさんがそれを観てるって何年か前にTwitterで書いてくれたんですよね。

アユニ　そうなんです。「かぶさんが好きすぎて2周した」ってつぶやいたらすぐにご本人たちに発見されてしまって。

なかむら　劇場のファンもまだ話題にしてない時期だったんですよ。たどり着くのが早すぎ（笑）。そこからかぶさんメンバーでアユニさんのライブに招待していただいたりしたんですけど……でもご一緒したのってそれくらいですよね。それでライブの出演をオファーするヤスもだいぶ変です（笑）。

> **アユニ・D**
> @AYUNiD_BiSH
>
> 歌舞伎町に住み始めた3人好きすぎて全部動画みちゃったし普通に2周目入った
>
> 13:49・2022/11/11 場所: Earth

──　もっと遡るとアユニさんは「かぶさん」にはどうやってたどり着いたのでしょうか？

アユニ　2年くらい前、新しい洗濯機が欲しくてYouTubeで調べたら、たまたま（9番街レトロ）京極さんが個人チャンネルで洗濯機を紹介してる動画を見つけたんです。この人なにやってる人なんだろうと思って調べたら芸人さんをやってらっしゃって。当時からお笑いは好きだったので、色々掘っていったら「かぶさん」にたどり着いたんです。面白すぎて全部観て、本当に2周しました。

なかむら　すべてはあのドラム式洗濯機のおかげなんですね。結局洗濯機は買ったんですか？

アユニ　動画のレビューが良すぎたのでおなじの買いました。

なかむら　アユニさん、ナイチンとかもそうですけど僕ら周りの芸人かなり見てくれてますよね。正直僕よりちょっと詳しいですもん。

アユニ　画面越しで観れるものは観てますけど、神保町の劇場とかは全然行ったことなくて。だからただのミーハーです。

なかむら　それでもありがたいです！ハマったらこう、突き詰める感じですか？

アユニ　そうですね。

なかむら　じゃないと「えぐいっちtokyo（仮）」までこれないですよね。よくぞここまで辿り着いてくれました。

おれ肌きったないな

26

—— 一応確認なのですが、アユニさんは「えぐいっちtokyo（仮）」も観ているということで大丈夫ですか？

なかむら 大丈夫ですか？

アユニ もちろんですよ！

なかむら よかった！「かぶさん」を観てるとは言ってくれてたんですけど、僕のチャンネルまで知ってくれてるか不安。正直「こっち（「えぐいっちtokyo（仮）」）」はあんま観てないんです」でもいいかなって思ってたんです。それはそれでおもろいなと思って。

アユニ 今日はそっちのほうがいいですか？（笑）

なかむら いえ！ 本音でぶつかり合いましょう！ 観てくれてありがとうございます！

アユニ だって……動画も短いですし（笑）。

なかむら （笑）。ちゃんと観てくれてる人の意見ですね。でも僕も短くしようと思ってやってるわけじゃないんですよ。あの時間分しか編集ができなくて。

アユニ 編集もご自身でやってるから。

なかむら そうなんです。今日もめっちゃ長いのあげようと思ったんですけど無理でした。4分ぐらいの動画になるかなと思ってたんですけど、編集するうちに切って切ってで30秒になっちゃって。

アユニ でも高頻度で上げてますもんね。

なかむら そうなんすよ！ さすが！ 頻度だけは大事にしてます。ちなみにその……好きな動画とかあるんですか？

アユニ 好きな動画か……。いや……これというのは……。

なかむら え!? ええ！ ええ？

アユニ （笑）。甲乙つけられないって意味ですよ？

なかむら そういうことですよね。そういうことですよ！

アユニ （YouTube画面を開きながら）これとか好きで定期的に見てます。え！ 27万回も再生されてるんですね！ すごい。

（DIALOGUE）

正直めっちゃ緊張した♪

次ページに続く

左余白（縦書き）: Eguiicchi Tokyo [Kami] 2023—2024

相方が休んで急遽したピンネタ

【ネタ動画】
相方が休んで
急遽ドレスきてピンネタ

（ DIALOGUE ）

なかむら 意味わかんないですよね（笑）。

アユニ このうち20万回は私です。

なかむら えぐい頻度！（画面をスクロールしながら）ユビッジャ（・ポポポー）とかにはまだたどり着いてないですか？

アユニ え、なんですか？　見たら思い出すかも。

なかむら こいつなんすけどね。

アユニ あ！　見たことあります。

なかむら 今度アユニさんとユビッジャでしゃべってほしいです。すごいいいやつなんで。

—— なかむらさんは今度ユビッジャさんとツーマンライブをしますよね。

なかむら そう、ユビッジャとふたりでライブするんですよ。

アユニ あ、混ざります。

なかむら （笑）。一発目の言葉「混ざります」なんですね。めっちゃ変なライブなんでぜひ来てください。

なかむらさんの魅力って？

—— 視聴者代表ということでお話を聞きたいんですけど、「えぐいっちtokyo（仮）」は一日のどの時間に観てますか？

アユニ チャンネル登録してるので公開されたら通知が来ます。あとXでも告知されてますもんね？

なかむら 言ってほしいこと全部言ってくれました！「Xの告知で」って、めっちゃリアルな視聴者な感じがしてうれしいです。アユニさんとかに届くんやったらあんな変な動画でもやってる意味あるなと思いました。

アユニ 変じゃないですよ！　なかむらさんの動画を日々の楽しみにしてる人がいるっていうのは忘れないでください！

なかむら はい!!　ごめんなさい!!

アユニ あ、すみません。もっと動画あげろとかそういうことじゃなくて……あの1分で救われてる人がいます！みなさんの日常の笑顔の種になってるんですよ！

なかむら 種！　種ですか！　僕もなんかまいてるなとは思ってたんですけど、あれ笑顔の種やったんですね。

アユニ 皆さんの心を豊かにしてると思います。

なかむら 種かあ。すごい表現ですよね。僕からは一生出ない表現です。種ですね、ほんまに。

—— 「えぐいっちtokyo（仮）」の視聴者として、なかむらさんの魅力はなんだと思いますか？

アユニ それはもう、単純明快に面白いことじゃないですか？

なかむら うわ！　うれしい。

アユニ 頭の回転が速い。

なかむら わー大回転！　うれしいです

アユニ こんな返しするんだ！みたいな言葉のチョイスとか、ボケの仕方も独特だなと思います。動きも面白いですよね。顔を隠して動きだけ見てもご本人だとわかると思います。

なかむら こんな連発でほめられることないですよ！

アユニ いっぱい体も壊してるのも……失礼ですけど面白いです。ちょっと尋常じゃないですよね。

なかむら そうっすね。2年前ぐらい、知りはじめていただいたぐらいがたぶん一番やばかった。

アユニ 見ましたよ。【今年の怪我まとめ】みたいなの。

なかむら なれる病気は本当に全部なったといいますか。でも去年ぐらいからは逆にそのキャラができないぐらいめっちゃ元気になって。

アユニ やり尽くしちゃったんですね。

なかむら 前倒し、前倒しで。今はもう笑えないぐらい元気です。

びくドンで世界は回る

—— アユニさんも個人チャンネルをやってますよね？

アユニ やってますけども、そんなそんな、知っていただくものでもございません。

アユニ・D
公式YouTubeチャンネル
『私チャンネル』

さすがにびっくりドンキー食べたくなった

なかむら いやいやいや、発信していきましょうよ！

―― 今後コラボもあり得そうですか？

なかむら 絶対にやりたいですけど変な出方させちゃうかもしれない。アユニさんと自由になんでもできるとしたらどうしたらいいんでしょう……なにをやっても40秒ぐらいで終わっちゃうと思いますけど（笑）。

アユニ びくドン行きたいです。びくドン、私も大好きなんです。

なかむら え！ アユニさんびくドン食べるんですか？

アユニ びくドンしか食べてなかった時期もあるくらいです！ コンビニ飯か、びくドンか、みたいな。

なかむら そんな時期あるんですか！ まあでもあるか、ビクドンうますぎますからね。

アユニ でかいうまいつくねって感じですよね。

なかむら うわ！ ほんまや。解き明かされたかも。あれつくねやん……。

アユニ あれハンバークじゃなくて、でかつくねなんです。

なかむら つくね屋さんでした（笑）。

アユニ BiSHで地方に行ったときもみんなでびくドン食べてましたし。

なかむら それはチーズバーグビッシュみたいな……みたいなことですか？

アユニ あはははは。

なかむら あはははは。

アユニ あはははは。

なかむら ……実は今日もびくドン行ってきたんです。

アユニ X見ましたよ！

なかむら 動画上げるのと同じペースで行ってます。今度新宿にもできるんですよ。

びっくりドンキー
新宿靖国通り店
最新情報は
こちらから

アユニ そうなんですか！ 楽しみ。

なかむら 一応下見に行ってきまして。

アユニ 下見（笑）。ありがとうございます。

なかむら じゃあびくドンで動画撮りましょう。

―― まとめに入るんですけど、今回の取材を受けて、「えぐいっち tokyo（仮）」をこうしていこうみたいな気持ちは出てきましたか？

なかむら 正直あります。観てくれる人に種？ですね、やっぱり種をまいてあげないとなっていうのは、めっちゃ思いました。種ですね、やっぱり。で、お客さんそれぞれで咲かしていただく。でもこの考えもアユニさんから、よかったらこの種どうぞってもらった感じです。だからもうあれですね、アユニさんが「えぐいっち tokyo（仮）」のリーダーってことになるのか。これはもう全部アユニさんご自身も考えていることだと思います！

アユニ わ！ 全部飛んできちゃった（笑）。

なかむら アユニ・D（仮）さんと言ってもいいのではないでしょうか。

アユニ （笑）。これからもっとお忙しくなると思いますが、移動時間とかでもいいのでぜひ動画をいっぱいあげてください。待ってます。

なかむら 素晴らしいです。今日はマジでありがとうございました。ほんと、種ですよねえ、種。

（DIALOGUE）

かなり公園で話した♪

なかむらさん家の
元気ごはん

夏目前！パワーをつけたい時に助かる
スタミナレシピ

桜エビと
キムチ、チーズ
うまみの
波状攻撃！

【材料】

パスタ … 130g

たまご … 3個

ソーセージ … 4本

チーズ … 50g

キムチ … 50g

桜エビ … 20g

にんにく … 1片

母の味

30

1

パスタを茹でる

沸騰しているお湯にパスタを入れる。お湯のなかに沈みこんだらパスタどうしがくっつかないようにかき混ぜる。通常より1分短めに茹でる。

POINT 入れる時は放射状に広げて入れます!

2

具材を切る

ウインナーは一口サイズに。にんにくは半分に切って芽をとり薄くスライス。

POINT にんにくは包丁でつぶすと出来上がりが香り高くなります!

3

ボウルに卵を割り入れ、泡立て器でしっかりと溶きほぐす

POINT 泡立て器でしっかり黄身と白身を混ぜましょう。泡立て器は空気を含めるのではなく、卵白のコシをきるイメージで。

4

具材を混ぜる

❷でカットしたウインナー、にんにく、さらにキムチ、桜えび、チーズを❸で作った卵液に加え、かき混ぜる。

5

助六を食べる

 POINT 食べる前に醤油をかけるとgood!

6

加熱する

600Wの電子レンジで4分加熱。裏返して更に4分程、しっかりと火が通るまで加熱する。

いよいよ完成! 次ページへ!!

(GO! GO! COOKING)

コーンフレーク

完

成

原田フニャオ × （ダンビラムーチョ）

（DIALOGUE）

Photo by Ono Tsutomu (ACUSYU) Hair&Make by Harumi Ikenoga Text by Lamune Hokata

原田さんの
心の声、の
本当のところ

なんか学園系デスゲームみたい

Eguicchi Tokyo
[kami]
2023–2024

「えぐいっちtokyo（仮）」には、
再生リストにまとめられているシリーズが５つある。
「原田さんの心の声」とまとめられているこのシリーズは、
全ての動画タイトルに【胸糞】とつけられて一際目立つ。

動画を再生する。
原田の顔がアップで映され、
急に世界から音が消えたかと思えば、
声が聞こえてくる。その声に刺される。
なんなんだ、この動画は。
動画の張本人であるダンビラムーチョ原田を、
羽田空港近くのスタジオに呼び寄せた。

（ DIALOGUE ）

原田さんは
なにも知らない

—— 本日はわざわざ遠いところまでお越しいただきありがとうございます。

原田 どこなんですか、ここは（笑）。

なかむら 今日はお話しさせていただくの楽しみにしてました‼

原田 俺は意味がわからなかったよ。

なかむら え⁉

原田 そりゃそうだろ（笑）。

なかむら チャンネルについて語りたいこととか、原田さんにもいっぱいあるはずなんですけど。

原田 俺が「えぐいっちtokyo（仮）」について語りたいことなんてないんだよ。

なかむら なんでですか？

原田 ……なんで？（笑） なんでって言われてもなあ。スタンスが難しいんだよ。動画を撮っていてもまるで手応えがないし。

—— たしかに【胸糞】動画シリーズには色々不思議なところがありますよね。あれが原田さんの心の声なのか、

なかむらさんの意見なのか、なんで視聴者は声を聞けているのか……

なかむら 僕だけに原田さんの正直な心の声が聞こえてしまってるから、僕を通してそれをみんなにも聞かせてあげたいという、そういうモチベーションで動画を撮っています。ひと言で言えば"抽出"と言いますか……カメラで心の声を引き抜いてる感じです。

—— ……こういう動画の仕組みというのはご存知でしたか？

原田 知ってるわけないでしょ（笑）。なんですか、なかむらを通して僕の心の声が伝わってるっていうのは。おんなじこと言ってみましたけど意味がわからないですよ。俺はカメラを回されてもぼーっとしてるだけなので。

—— ちなみにあとで声を撮ってるとかそういうことは……。

なかむら ……声を撮る？

—— あとから声を別撮りするとかそういうのは。

なかむら どういうことですかそれは。よくわからないですけどそういうのはありません。

—— 失礼しました。

なかむら はい、気をつけてください。

声を撮ってるなんていうのはまったく意味がわからないです。

—— 原田さんにお聞きしますが、【胸糞】シリーズ一回目の撮影のことは覚えてますか？

原田 動画で言うとどれだ？ 無限大で撮った気がするんですけど（タブレットでYouTube画面を見ながら）。

なかむら 原田さんの動画は再生リストでまとめてるんですよ。これは「えぐいっちtokyo（仮）」の中では珍しいことで。

原田 レギュラーコーナーみたいになってるの？ それも知らなかった。

なかむら １本目から再生リストを作りました。これはシリーズでずっとやろうと思って。

原田 あ、これだ。

ダンビラムーチョ
原田フニャオ
から
視聴者へ

【胸糞】
原田さんの心の声

おれが着てるTシャツ角井から誕生日にもらったやつ

―― それでいうと、『劇場版えぐいっち tokyo（仮）』の原田さんの活躍ぶりは見事でした。

なかむら ずっと言ってるんですけど、『劇場版えぐいっち tokyo（仮）』は、原田さんの動画のクダリをやるためにはじまったんですよ。

原田 だからそれもなんでなんだよ（笑）。

なかむら あれをやるって最初に決めて、その後でガワを詰めていったんです。でも最初原田さんが来れないかもってなったんですよね。

原田 スケジュールの都合でちょっとね。

なかむら 結局なんとかなったんですけど、本当に無理ってなったら日を改めるつもりでした。

原田 マジで？ そこまでだったの？ まあありがたい……ありがたいのかな？

なかむら でもほんと、本番の原田さんは最高でしたね。

原田 あれも俺はピンスポの下に立ってただけだからなあ。

なかむら 急いでピンスポに向かう姿も素敵でしたよ。正直リハもできてなかったじゃないですか。

原田 これも抽出されたってことなんだもんね。

なかむら そうですね。僕からしても「あ、そんなこと思ってるんだ」って感じで。

―― 普段の原田さんからは想像つかない言葉というか。

なかむら 普段は本当に優しい方なので、やっぱり人の心っていうのはわからないなと思います。正直視聴者の方にも「なんだよ」ってなる人も多いんですけど。【胸糞】動画ではあるので。

原田 やっぱそれは思われてるんだ？

なかむら そうですね。なんでそんなこと言われなきゃいけないんだよって感じやと思います。でも『劇場版えぐいっち tokyo（仮）』をやって、お客さんも見方が変わったんじゃないでしょうか。「これはなんか楽しく見れるやつだぞ」って。

原田 でもそれまではずっと胸糞のまんまだったってこと？

なかむら それは、そうですね。

原田 そうだったんだ……。

原田 入り時間にはライブがはじまってたからね。

なかむら 当日は舞台上で初めて会うみたいな形やったんで心配もあったんですけど、みんなにどれだけツッコまれても、心の声が漏れてるだけっていうテイを崩さなかったのが素晴らしかったです。さすがでした。

―― ライブの反響はありましたか？

原田 ライブ終わりにめちゃくちゃDMが来ました。「最高でした！」って。フォロワーも増えましたし。すごいよね。

なかむら 打ち上げのときも、ダイタクさんがまっすぐほめてましたよね。

原田 たしかに。普段そんなほめないダイタクさんが。

なかむら 「そりゃあんなのはおもろくなるわ」って。お手上げといったような感じでした。

原田 「ずるいよ、周りがかわいそうだよ」とかも言ってた。

なかむら 芸人に聞いても、原田さんのシリーズがこのチャンネルで一番面白いって言ってくれる人は多いんですよ。

原田 たしかに（中野）なかるてぃん

めっちゃ大人じゃん
動いてるんじゃん

次ページへ続く

原田さんほんまにはよ終わって欲しそうやった

（DIALOGUE）

（ DIALOGUE ）

が「【胸糞】動画がえぐいっちの中で一番面白いです」って言ってたんだよなぁ。このシリーズのファンなんだって。なんでなんだよ。

原田さんには俺のチャンネルだと言ってほしい

―― なかむらさんからすると、「えぐいっちtokyo（仮）」にとって原田さんはどういう存在ですか？

なかむら オープニングスタッフですね。原田さんが「YouTubeなにやってんの？」って聞かれたときに、3つ目、4つ目ぐらいで「えぐいっちtokyo（仮）」もやってますって全然言ってもらって大丈夫です。

原田 そこまで言っていいんだ（笑）。

なかむら 今って基本的に「原田さん、ちょっと動画いいですか？」って撮らせていただくじゃないですか。

原田 うん。

なかむら それも徐々に原田さんのほうから「動画撮りてえんだよ」「俺の心の声引き出せよ」って言っていただくようにしたいんです。原田さんが出てないときも、面白い動画を上げ続けることでそう言っていただけるんじゃないかなって。

―― ここまでのお話で、なかむらさんの熱意は原田さんに伝わってますか？

原田 まあ、伝わってはいるんですけど、ここまで熱意があるのが逆に気持ち悪いです。どこに向かってるの？このチャンネルは。

なかむら わかんないですよ（笑）。助けてください。

原田 わかんないんだ（笑）。

なかむら その日その日で面白いことを、と思ってやってたら、変なとこ行っちゃいました。

原田 その考えは素晴らしいけどね……え、待って、今再生リスト見たら動画まだ4つしかなかったんだけど。俺のチャンネルとか言ってるわりに、4つはさすがに少ないか。

なかむら 「俺の動画少ねえじゃねえかよ」「もっと撮ってくれよ」っていうことですね。原田さんの強い気持ち、受け取りました。

―― ちなみに原田さんの動画が少ないのには理由はありますか？

なかむら そうですね……。これはちょっと意味わかんないかもしれないで

すけど、静かな場所じゃないと心の声を抽出しにくい、というのはありまして……。

原田 ごちゃごちゃしてるところではたしかに音がね。

なかむら そういうのもあるんで、頻繁にあげれてないのが現状ですね。

原田 まあまあ、程よくやるのがいいのかもね。

なかむら でも急に4日連続【胸糞】動画とかも、どっかではと思ってるんです。「このチャンネル、【胸糞】で決め込んだんかな」って、一瞬視聴者の方を不安にさせるじゃないですけど、そういうのも考えたりはしてますね。

―― 最後に原田さんからみて、今後「えぐいっちtokyo（仮）」はどうなっていくと思いますか？

原田 ……どうなっていく？

なかむら 原田さんがどうしていきたいかってことですよね。

原田 俺が？ え、俺がってこと？……いや、なんだろ、「えぐいっちtokyo（仮）」がどうなっていくかですか？ 今までの人生で一番難しい質問かもしれないな（笑）。

なかむら 人生で一番ですか？（笑）

原田 間違いなく人生で一番。どんなベクトルで頭を回転させればいいかわかんないです。「えぐいっちtokyo（仮）」をどうしたらいいかっていうのは……ごめんなさいちょっとほんとになんにも思い浮かばない……どうしていきたいか。難しいな（笑）。

なかむら いろんな思いがありすぎってことだと思います。

原田 そういうことなのかな。はい、そうです。ちょっと今は選ぶのが難しいな。いつか答えられるようにしておきたいですかね。

なかむら そうですね。お願いします。いつか、またの機会に。

この日、唯一原田さんが隙を見せた瞬間

（ BEHIND THE SCENES ）

『劇場版えぐいっちtokyo（仮）』

こが若手芸人のオールスター

Eguicchi Tokyo
[kami]
2023—2024

（ L I V E REPORT ）

Photo by Shota Kashiwai
Text by Henshubu

4月25日（木）赤羽会館 講堂にて開催された『劇場版えぐいっちtokyo（仮）』。646人の
キャパにも関わらず会場チケットは即完。配信チケットは公演前に配信延長が決定し、結
果4849枚を売り上げる怪物コンテンツとなった。開演まで出演者はなかむら☆しゅん以外
明かされておらず、「えぐいっち」チャンネル発のライブが一体なにをやるのか、なにが起きる
のか予想もつかなかったが、蓋を開ければえぐいっちのスターたちが勢揃い、チャンネルお馴
染みのクダリが飛び交いまくりでボケまくりの90分だった。

赤羽会館ええ会場やったなあ

ゲスト（登場順） 荒川（エルフ）／中野なかるてぃん（ナイチンゲールダンス）／鈴木バイダン／うちだすぺしゃるはーたみん（足腰げんき教室）／カンノコレクション（オフローズ）／柏木成彦（素敵じゃないか）／山口コンボイ（ケビンス）／はる（エルフ）／おもみちゃん（シスター・週末）／浦田スターク（cacao）／ユビッジャ・ボボボー／体制（兄弟）／大誠（センチネル）／古市勇介（金魚番長）／大川内聡・つるまる（軟水）／ワキ（ゼロカラン）／原一刻（めぞん）／原田フニャオ（ダンビラムーチョ）／盛田シンプルイズベスト（ワラバランス）／大・拓（ダイタク）

なんで皆ノリノリで頑張ってくれたんか分からん

原田さんの心の声おもろかったなあ

京極先生もプロかった♪

Eguicchi Tokyo
[kami]
2023—2024

misono

(MY SUPER STAR)

Photo by Maho Korogi
Hair&Make by Tomoyo Horie
Text by Lamune Hakata

Q なかむら☆しゅんが憧れた芸能界の話をしましょう

せっかく本にもなったから今、一番会いたい人に会いにいく

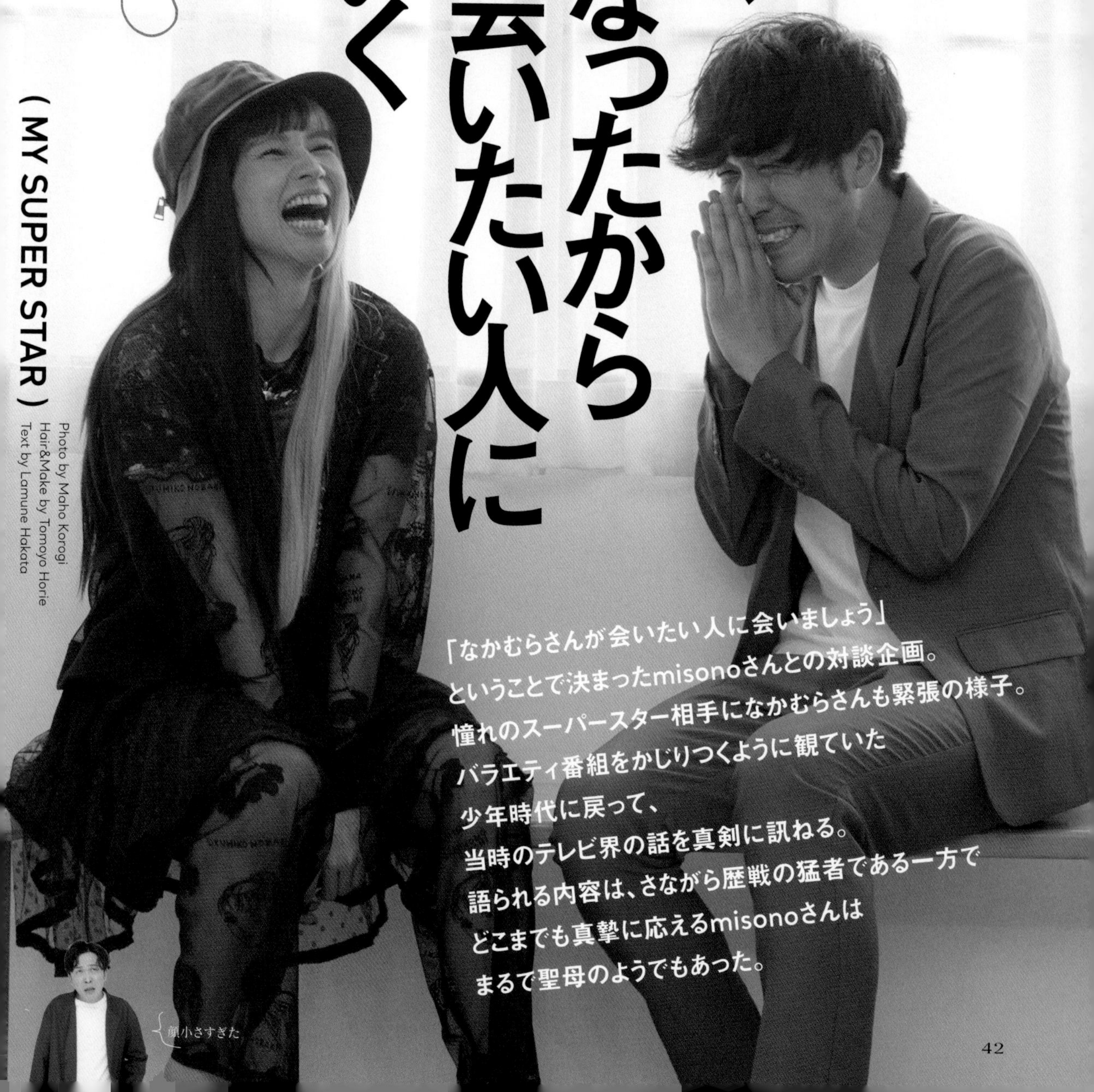

「なかむらさんが会いたい人に会いましょう」
ということで決まったmisonoさんとの対談企画。
憧れのスーパースター相手になかむらさんも緊張の様子。
バラエティ番組をかじりつくように観ていた
少年時代に戻って、
当時のテレビ界の話を真剣に訊ねる。
語られる内容は、さながら歴戦の猛者である一方で
どこまでも真摯に応えるmisonoさんは
まるで聖母のようでもあった。

顔小さすぎた

なかむら　9番街レトロのなかむら☆しゅんと申します。misonoさん、やっとお会いできました！　すみません、こんな意味わからん取材を受けてくださって。

misono　いやいや（笑）。今更、自分なんかに会いたい人なんている？とビックリしたのと、面白そうだったんですぐにオッケーと返させていただきました。芸人さんの方からmisonoと会いたいだなんて言われたことないですし、プライベートでお誘いいただければ食事しながらしゃべれるのに（笑）。逆になんでウチだったんですか？

なかむら　僕、『ヘキサゴン』とか『ロンハー』とか、学生時代にド世代のバラエティを観て芸人をはじめたので、誰が自分のスターって聞かれたら、misonoさんなんですよ。えぐい時代のバラエティを生き抜いてるタレントさんというイメージがあって。当時って下手したら1日で売れるくらいテレビにパワーがあったじゃないですか。

misono　『ヘキサゴン』や『ロンハー』に出てたのが20代のころで今年の10月で40歳になるから、もう10年以上も前の話になりますが。

『ヘキサゴン』はなかむら☆しゅんの憧れ（MY SUPER STAR）

―― なかむらさんはmisonoさんのYouTube動画もかなりしっかりご覧になったそうで。

なかむら　そう、『街録ch』で、すごく尖ってた時期があるっていうお話をされてたと思うんですが、その話が気になってるんです。

misono　バラエティに進出する前ですかね。いつクビになってもおかしくないころです。day after tomorrowを休止してソロデビューしてからもCDは売れないし、音楽番組にも出れない、サイン会や握手会もできない。崖っぷちのときに、たかの友梨さんとMTVさんがタッグを組んだダイエットの企画をいただいて。その番組の視聴率が何故か韓国ですごくてDVDを発売するってなって、宣伝として当時の事務所の方が島田紳助さんがMCの番組を決めてきてくれたんです。これで爪痕を残せなかったら自分は需要もないから終わりだなと思って。嫌われてもいいから、顔と名前を覚えてもらうためにもうめちゃくちゃしたんです。お姉ちゃんが持ってないものでなにか結果を残したいというか、音楽だと1位をとれないからavexに所属している人の中で一番をとれるとしたらバラエティだけしかないと思って。

なかむら　実際のところなにをめちゃくちゃしたんですか？　僕らも初めての番組出るとき、普通にやってたらなんとなくの若手芸人で終わっていくと思うんですよ。misonoさんがどうめちゃくちゃしたのかを聞きたいです。

misono　当時の芸能人ってみんな雲の上の存在で、SNSもないからプライベートや嫌な部分を出しませんっていう時代だったじゃないですか。ぶっちゃけキャラとか毒舌キャラとか、今だったら沢山いるけど昔は全然いなくて、芸能界は夢がある的な。だからmisonoは綺麗な世界を見せるんじゃなくて理想の自分とは真逆をいって周りの人と正反対のことをするというか。例えば仲良しこよしでスムーズに収録を進めるんじゃなくて、色んな人に噛み付いて台本通りにやらないとか。

なかむら　そういう人が出てきたときって、スタジオはどういう空気になるんですか？

misono　スタジオに観覧のお客さんがいたと思うんだけど、自己中だったから周りの目をまったく気にしていな

次ページへ続く

俺は俺で緊張していつもより顔でかくなってた

(MY SUPER STAR)

くて。MCの紳助さんと1対1って感覚だから、共演者の皆さんやスタッフさんのことまで考えていなくて。自分さえウケればいいし、紳助さんに存在を知ってもらえるだけでよかったんです。だからとくにアイドルの方やモデルさんをボロカスに言ってました（笑）。「ウチはここまでくるのに何年もかかったのに、なんでこの子は新人やのにゴールデンに出れんねん」「ウチは身を削ってるのに、なんでこの子は可愛いから笑ってるだけで成り立つねん」「ウチは姉の力も使えないのに事務所の力が大きいからいーなー」とか、嫌味、妬み、嫉みで。ほかの人がトークしてるのに「絶対、嘘やん」って入っていってその人のターンを邪魔したり、エピソードトークを奪ったり。思い返すと本当に最低、最悪です。

なかむら　すごい覚悟ですよね。

misono　クソクズ人間です（笑）。とはいえめちゃくちゃにしすぎたから、マネージャーさんと収録の後すぐに、紳助さんの楽屋に謝りに行ったんです。そしたら紳助さんが「お前めっちゃおもろいやん、絶対バラエティ出たほうがええで」って言ってくれて。その場でmax matsuuraさんの右腕の方に電話してくれたんです。「misonoを俺に預けてくれへんか？必ず売れるから」って。目の前でほめてくださったから感動したし、かなりうれしかったです。

なかむら　泣いてまいますね。そんな日あったら。

misono　その後すぐに『ヘキサゴン』でした。ウチ、中卒だからヤラセや嘘なくアホを受け入れてもらえて、この日また「お前、歌うまいのにおバカって最高やな」って笑ってくださって。そしたら『ロンドンハーツ』の話が来るんです。しかも初めてが『格付け』で、なんでもかんでもさらけ出すキャラでやってたからか、レギュラーばりにオファーをくださって。しかもロンブーの淳とはプライベートでも親交があったんで…あ、付き合ってないですよ？

なかむら　すごい生で聞けた！（笑）

misono　（笑）。恋愛感情がお互い一切なくて、本当に兄弟みたいでお兄ちゃんがいたらこんな感じなんやろうなって。仲が良すぎてmisonoのいじり方をよくわかってるし、丸ごと受け止めてくださるスタッフさんだったので。あれだけ呼んでもらえたのは、自分の実力じゃなくて淳とスタッフさんのおかげでしかないです。あとは当時は2チャンネルくらいしかなかったし、世間の反応とか気にしないでOKだったから良かった。今こんな感じで出演してたら毎日ネットニュースになって炎上しまくる人生だっただろうから。

なかむら　すごい話を聞けてます。ぶっ刺さりました。

misono　えっ、どの辺りが？30歳までは「ワガママでウチウチうるさくてウザイだけ」でしたよ。放送日も自分がハネてるところさえ使われていればいいと思ってたんで。

なかむら　めっちゃ芸人のマインドやったんですね。僕も今30歳ですから、自分だけが笑い取れればいいって思っちゃってる日もあります。

misono　いや、若いんだし今はまだそのほうがいいと思いますよ。難しくて厳しい時期だとは思いますけど。

なかむら　ほんとにメラメラしてきてます。

misono　人生一度きりだからいつ死ぬか分からないし、攻めた方がいいと思う。

{ 淳さんとは付き合ってないみたいです

44

まさかこんな素敵な対談になるとは

なかむら　そうですよね。紳助さんを前に攻めに攻めた方が言ってるっすもんね。ほんまにえぐい。ちなみにテレビのリッチさみたいな、テレビ業界全体の景気はどうでした？

misono　『ヘキサゴン』でも『ロンハー』でも、やたら地方や海外に行きまくってたんで、景気はよかったと思います。ちょっとロケして、後はみんなでご飯を食べるだけ、みたいな日もありましたし。

なかむら　沖縄で髪の毛を降ろしてる紳助さんめっちゃ好きでした（笑）。夕日に照らされてましたよね。僕も『ヘキサゴン』ファミリーになりたかったです。頭いいほうで出れるタイプじゃないので、アホであの場所に入りたかったです。すみません、当時の話をただ聞いていく時間になっちゃって。

misono　でも自分はある時に気づけたんです。ローマ字のmisonoは周りのおかげで生き残れてただけだったんだって。みんなが全員でmisonoを主役にしてくれてただけなんだなって。

30歳のタイミングで、自分の言動によって引退詐欺とバッシングされることをしたんです。もう完全燃焼だし感無量だから30歳で芸能界をやめようとしたし、そういう話をバラエティ番組でしたら、次の日に「misono 30歳で芸能界引退」ってYahoo!NEWSになって。でもまだやめてないじゃないですか。「やめるやめる詐欺だ！」「売名行為だ！話題作りだ！」って叩かれたんですよ。でもウチはそのとき、誰も離れていかずに沢山の人に支えられて助けられた。いじってもらえたし、許してもらえたし。そこで「このままだと地獄に落ちるから残りの時間、この人たちに返すだけの人生にしよう」って決めたんですよ。常に文句と愚痴があって、ずっと問題児やったし。無償の愛と優しさを与えてもらってたのに当たり前になっていて、たとえばプライベートでも、自分はお金がないからお兄ちゃん的存在の方に奢ってもらうのが普通って感覚になってしまってました。でも今、自分に後輩がいっぱいできて「こんなにも大変なことを、たむけんや淳が当然のようにやってたのはすごい」って痛感したんです。それをふたりに伝えたら「俺らはもうなんもいらんから、お前が年下の子にやったってくれ。そしたら俺らがやってきたことがどんどん受け継がれる。俺らにやるんじゃなくてお前が周りの人にやってくれたほうが喜ばれるしうれしい」って。こんな大人になりたいっていう見本がそばにいるんで、やっと30歳以降はチャリティーやボランティア活動をメインにして、世のため人のために動けるようになったというか。

なかむら　それでmisonoさん、今いろんな事業をやられてるんですよね？

misono　そうです。マルチタレントから実業家に転身したくて、コロナ禍を機に関西へ戻ったんです。今はエステサロンを2店舗と飲食店を3店舗やってて、4店舗目のオープンに向けて動いてる最中です。何故か「お金儲けをしはじめた」って捉えてる人がいるんだけど、動物愛護団体、福祉の施設、子ども食堂や子ども宅食とかの支援を出来るようなって今年で10年経つのですが、キリがなくてゴールがないから支援先や寄付金をもっと増やしたくてやってます。チャリティグッズの売上だけじゃなくて、飲食店の売上の一部まで寄付してますし。

なかむら　むっちゃ経営者ですよね。お店にもいらっしゃるんですか？

misono　毎日のように知り合いが食べに来てくださるから、基本的に居ます！昨日も2時まで対応して、3時に終わって、4時に帰宅して、預かりボランティアをやってるから猫の世話とかを1時間して、朝5時ぐらいからメールを返しはじめる、みたいな。

なかむら　ええ！　それでなにが起こるかわからん書籍の取材に来てくれたんですか！　『ヘキサゴン』の話ばっかりさせてもうて、急にファミリーになりたかったとか言われて（笑）。お忙しいなかありがとうございました。

ずっとまじでいい人やった♩

kento fukayaさん

エルフ荒川

めどん原

Photo&Text by Nakamura☆Shun

（PRIVATE DIARY）

2日目

朝から釣り堀でロケ→『クセスゴ』収録→トニーフランクさんとダンビラ大原さんと歌ネタ作るライブ。夜よくいく立ち飲み屋山ちゃんにそれぞれの仕事を終えた先輩方が当たり前のように集まってきてチーム友達みたいになってた。

1日目

幕張4出番。GWということもあり家族連れ多め。kento fukayaさんとやさしいズさんと楽屋にあるテレビで『ぽかぽか』に出ているコロッケさんのモノマネ技術を分析した。あとめっちゃ年金はらった。

3日目

渋谷で寄席→マルセイユさん主催ライブ→サノフェスを終えて新宿でエルフ荒川とめぞん原と集合し飲んだ。写真では盛り上がりにかけている感じやけどかなり熱い話してくれてた。あとIQOS無くした。生きんのむずい。

なかむらさん、1カ月の

実は本書籍イチの大型企画、なかむらさんの31日連続日記。冠番組が決まったと思えば、ラモス瑠偉さんとPK対決をしてるし、スーパー俳優とトークライブのあとは大阪の母校へ大移動。ビックイベントが目白押し……のスケジュールでさらにはトータル80ステもライブに出演。「さっすがに5月はいかつすぎました」となかむら☆しゅんはこぼすが、これはさすがに売れっ子でしょう。

ハチミツメンバー

京極風斗

大阪森ノ宮3ステ出番。フースーヤの衣装で漫才したら気分はフースーヤでさすがグランドファーザー降臨グトゥーマッチ。cacao浦田とのタイマンライブはかなり白熱。打ち上げで途中までノンアルビールと気付かず酔っ払ってた。

10日目

朝からYouTube撮影から幕張2ステ。相方京極風斗のビジュアルや舞台での立ち振る舞いを沢山褒めたらお金貸してくれたため、お金が増えてvery happy.

『深夜のハチミツ』収録。番組レギュラーを降格するメンバーが発表される大事な収録日であったが、ぴりぴりする楽屋で「俺江戸マリーが落ちると思うねんなぁ〜」と思い切った逆張り後輩いじり炸裂。見事失敗。さらにぴりぴり数人感電していたりしていなかったり。難しい。

慣れない毎日記録スタート

日記を書いてください！

バイダンさん

4日目

曙橋のスタジオで生配信2つ→下北沢でライブ。下北沢は上京したてのとき毎週末ライブに出ていた会場やったので思い出深いとか思いそうやけどあんまりそんなん思わんかった。夜はセンチネル大誠と一蘭を食べた。

5日目

神保町寄席出番とJimbochoグランプリ。グランプリは一回も1位なったことない。なってみたい。ラジオ収録して夜は下北沢でライブ後センチネルの大誠というやつと飲んだ。

手島章斗

6日目

朝から1日中『えぐいっちtokyo（紙）』の撮影。バイダンさんに対して先輩という感覚を無くしいろんなお願いをした。バイダンさんも自分が男ということを忘れ、女の目をしてた。まじプロ。普段の仕事と違うため疲れすぎて3駅寝過ごした。

7日目

朝からラジオ収録を終えばったり会った人間横丁とご飯に行った。その後大学からの友達の、avex所属のミュージシャン手島章斗の配信番組に呼んでもらった。あのavex所属の。さすがに楽しかったし俺の友達は間違いなくavex所属やった。

11日目

神保町2ステ→メディア収録→結婚式で漫才→大宮出番→書籍打ち合わせという激スケジュールだったが、今日一番のトピックは神保町よしもと漫才劇場4Fのトイレに見たことない細くて長いうんこが流されず浮いていたこと。不思議なのがトイレットペーパーは浮いていない。すなわちうんこをし、拭いて流した後にすっと出た細くて長いかわいいアニメうんこということ。犯人を探すこと2時間、前説の彼だった。たしかに前説は普通出番よりギャラが少ない。ということはご飯も満足に食べれないということはうんこも細い。納得である。

アリハガのハガ

12日目

いつぶりかの休み。母の日ということもあり大阪へ。親戚集めてご馳走した（京極から借りたお金）。僕が高校生の時、当時流行っていたflumpoolの読み方を「あれ読み方フリャンプールやねんで」と嘘を教え、母親が次の日職場でパートの山口さんに「あれ読み方フリャンプールやんねぇ」と言ったところ笑われてしまったこと、まだ許していないと怒られた。帰り際に何故かお姉ちゃんと映る小さい頃の写真を1枚もらった。

13日目

びっくりドンキーを家族で食べた。新大阪で551の豚まんを買ってると店員さんが「昨日ハチミツ見ました！」と声をかけてくれてデカい声で「えっ！」と言いながら、その場をゆっくり離れた。「ありがとうございます」って言わな。反省

びっくりドンキー

14日目

激烈スケジュールの日。そんな中でも7月からテレ朝でナイチンと冠番組をさせて貰えることが伝えられた。芸歴9年目で一番大きな出来事な気がする。素晴らしき日。

次ページで一日密着！

おれの友達はavexやから

47

さらに一日密着

「えぐいっちtokyo（仮）」のある毎日

（PRIVATE DIARY）

1分2分は当たり前、時には本編がエンディングより短いことさえある「えぐいっちtokyo（仮）」の動画たち。えぐいっち動画はなぜここまで短いのか。チャンネル主・なかむら☆しゅんの一日を覗いてみればその理由がわかるかもしれない。えぐいっちtokyo（仮）がたしかにある多忙すぎる毎日の一片をここに開陳する。

MAY 14, 2024

えぐいっち動画はなぜ短いのか

6:30 自宅

起床

寝起き10秒目のなかむら。よく見ると鼻毛がでている。全然まだ寝たい。

かぶさんラジオ

8:00 渋谷

『かぶさんラジオ』（stand.fm）収録

月一の4本撮りラジオ収録でTPさんからお金を借りるかつやま。毎月かつやまがTPさんからお金借りるノリをしてるけど、ほんまは全然借りたい。うらやましい。

打ち合わせ

12:30 新宿

『新番組』打ち合わせ

とある番組の打ち合わせと聞かされ待機してると7月からテレビ朝日でナイチンゲールダンスと冠の新番組が始まると告げられドッキリを疑いながら打ち合わせに臨んだ。ちょっと待って冠番組えぐいっち。

吉本新宿本社

15:30

動画編集

夜にアップする「えぐいっちtokyo（仮）」の編集をする。編集時にこれ何がおもろいんって思うこと結構あるけど、今回はかなり良さそう。

14:00

『千鳥のクセスゴ！』（フジテレビ）リモート打ち合わせ

冗談を挟んでみたが回線が悪く伝わらずきまずくなる。伝わっててもウケたかはわからないので別にいいっちゃいい。

吉本新宿本社

この日いかつかったなあ

17:00
『Jimbocho ばちばちライブ』

京極が体調不良のため急遽ピンネタ。ややウケ地獄の汗かきドラゴン。

神保町
よしもと漫才劇場

18:00
動画編集

動画編集の続きをする。いつもはAirPodsをつけてするが、湾岸スタジオにいんじゃらんもんじゃらんしているので、耳にスマホを近づけ離しテロップを打つ動作の連続。見てわかるように左腕が太くなっている。19時アップに間に合った。

神保町
よしもと漫才劇場
楽屋

18:30
夜ご飯

ゼロカラン ワキとコンビニご飯。ワキの服が高校のとき付き合っていた彼女と同じ匂いがするので、かなり可愛がっている。

ゼロカラン ワキ

新宿

19:30
『マンザイチーノ』

歯磨き粉ズボンにがっつりついた。生きんのむずい。横をすれ違ったド桜村田さんにちょっとついて怒鳴られた。

ZOOM

（PRIVATE DIARY）

20:00　『マンザイチーノ』終わり　新宿

シモリュウさんがハイジアV-1にいる貴重な瞬間を捉えた。「えぐいっちtokyo（仮）」の本に載るので写真撮っていいですかと聞くと、どういうボケやねんって言われてボケみたいになっちゃった。

22:00　赤坂
『アッパレやってまーす！』（MBSラジオ）収録

収録中、何回もゲップを我慢した。我慢できずなんとかすかしゲップ。2週間に一回この収録があるが、一番緊張する仕事。

24:30　自宅
帰宅

かなりハードスケジュールな日だったとかいう意見背負い投げ。今日もすずかに楽しかったに一票。

さっすがに楽しかった。に変更で

Eguichi Tokyo
[kami]
2023—2024
icchi Tokyo

ラヴィット！

75日目

朝から『ラヴィット！』でラモス瑠偉さんと坪井さんとPK代決。たまにある全国放送の朝からPKする仕事、正直意味わからんけど楽しすぎる。終わってから兄弟体制と新しくできる、まだ工事中のびっくりドンキーを見に行きコナンの映画を見に行って書籍で体制との対談インタビュー。帰りの電車はもちろん乗り過ごした。

カフェオレ
こぼした

16日目

6月下旬の出版に向けてお昼から太田出版さんへ。横には兄弟の体制。まだ昨日かと思った。カフェラテもズボンにこぼしたが正直もうこんくらいじゃなんも思わない。夜は下北沢で10億円山内と『しゃべり友達』というトークライブ。シアターミネルヴァの支配人が家まで車で送ってくれていっぱいしゃべった。この方は"芸人からお金をとれない"と格安で劇場を貸しほぼとんとんの経営をしている。意味がわからない。東京ライブシーンで愛されている偉大な方。

なかむらさん、1カ月の日記を書いてください！

(PRIVATE DIARY)

昼に『狛江9番街ラヂオ』の収録にきたが今日は収録予定はないと言われた。桑子さん唯一のミス。逆にこんなミスがないマネージャーはすごいと評価が上がった。

17日目

京極風斗

18日目

10億円永見

朝から神保町2ステ後渋谷でライブとYouTube撮影。お昼は10億円の髪永見とマクド爆食い。尊敬してるか20回くらい聞いて「尊敬してます」って20回くらい言ってくれた。まじで合格。

19日目

神保町→吉祥寺→下北沢の1日。下北沢ミネルヴァに堤下さんがきた歴史的な1日。「売れると聞いている」とライブ前に言われ普段しない例えツッコミをしてフォーム崩した。堤下さんはやっぱりレジェンドやった。

伊藤
健太郎さん

21日目

『ハチミツ』泊まりロケ初日。スタッフの岡さんは何があってもずっと明るい。助かる。過酷ロケにはこういうディレクターがいると助かる。これだけは言わして、「助かる」。

20日目

『ハチミツ』収録→本稼働→伊藤健太郎さんとトークライブ。僕は伊藤健太郎さんが大好きだ。信じられないくらいかっこいいのに僕たちの言うことでむちゃくちゃ笑ってくれる。僕は生まれ変わったら伊藤健太郎になりたい。

こう見たら毎日色んな人に会ってるんやな

なかむらさん、
日記を書

深夜のハチミツ

22日目

『ハチミツ』ロケから朝帰ってきて→『クセスゴ』収録→『ツギクル芸人グランプリ』の1日。ツギクル終わりでマルセイユ津田さんと焼き鳥行ってある程度盛り上がって公園でアツい話した。アツい話してる時信じがたい尿意がきた。先輩のアツい話 vs 尿意、尿意の勝ち。

マルセイユ
津田さん

23日目

『ハチミツ』収録→神保町2ステ。新しいメンバーが『ハチミツ』に来た。ゲストのベッキーさんにかなり気に入られてた。あっつい。収録中もベッキーさんがずっと好いてくれてた。

素敵じゃないが柏木さん

24日目

始発に乗り素敵じゃないか柏木さんと母校である大阪府の高校に凱旋した。学校にたくさんの生徒がいたにも関わらず一切声かけられなかった。

25日目

9番街ミッションの日。終えた頃には放心状態。そこからゲーム配信で椎木さんの「火事だぁ」がおもしろすぎたからみんな神保町のYouTubeみてほしい。

放心状態の
なかむら

27日目

エルフとYouTube撮影→ばーてぃーちゃんラジオ収録→アユニ・Dさんと撮影→ヤス生誕祭の1日だが一番印象に残ったのはお昼ごはんのびっくりドンキー。だめだびっくりドンキーを愛してしまっている。

26日目

神保町沢山ステの間で町田とチャーハン食べに行った。「うまいな〜」って話しかけたら「おれ？」っていう意味わからん返ししてきて気まずくなった。なんて聞こえたんやろう。

エバーズ町田

兄弟体制

びっくりドンキー食いたい↘

はーたみん！

28
日目

朝から収録して沢山ライブした。ルミネで修学旅行生を前にライブした。お弁当を食べながら観ていい公演のためあまりネタを観ても聞いてもいない人もいる中唐揚げを箸で持ちながら食い入るようにネタを観てくれていたあの少年を抱きしめたい。はーたみんともライブ一緒やった。

29
日目

センチネル 大誠

お昼は赤から。まずはごめん、うますぎ。夕方からのライブは大誠がいた。次のライブに急がないと行けないのにマックシェイクを飲むか聞くと鼻息を荒くしながら「いいいいんですかぁ」って言って近付いてきた。

（ PRIVATE DIARY ）

月の
ください！

かつやま

ヤス

30
日目

朝からかぶさんラジオ。月1でこの3人で会えるのでかい。夜はまだ言えないかなり嬉しい打ち合わせあり。えぐいっち。

大目金 あつし

31
日目

今日から2日間福岡の1日目。同じ出番だったガンバレルーヤさんがアイスランド→福岡→アフリカのスケジュールと聞いておもろすぎた。夜はちゃんと後輩と屋台行った。

カーネギー罪

毎日記録するっていいことやな

52

Go To
Hirakata Tsuda Highschool

母校凱旋

高校の先輩、素敵じゃないか・柏木と
母校・大阪府立枚方津田高校に弾丸凱旋

（ ALMA MATER ）

Photo by Yumeippei

売れる前に潜脳すくろとまずかしい♪

東京駅出発　朝7時前の妙味

東京駅

（ALMA MATER）

京田辺駅→藤阪駅

長尾駅くらいからもう藤阪だった

東京→京都新幹線。

柏木さん昭和感えぐい

TOKYO

新幹線で爆睡したなあ

新田辺駅→京田辺駅
街の音がすごい少なかった

FUJISAKA

JR 藤阪
ふじさか Fujisaka

（ALMA MATER）

京都駅　正直高校時代の思い入れはなし

藤阪駅

藤阪駅到着　久しぶりやのに
wifi拾った。エモい

鮮濃すぎたからモノクロにしてくれたんかな

Eguchi Takuya Tokyo 2023–2024 [kanji]

思い入れやばい来来亭で
なんか全額無料なった。くじ運えぐいっち

藤阪駅でなんか食うとしたら来来亭、
それくらい圧倒的だった

FUJISAKA

(ALMA MATER)

津田高生が全員行ってたアルプラザ。
学校からの一本道がなんか立派になってた

藤阪駅

アルプラザはマクドしか行ってないから
2階行ったことあるやつだれもおらん

懐かしの味。めっちゃうますぎな

Go To Hirakata Tsuda Highschool

懐かしの通学路でYouTube撮る。

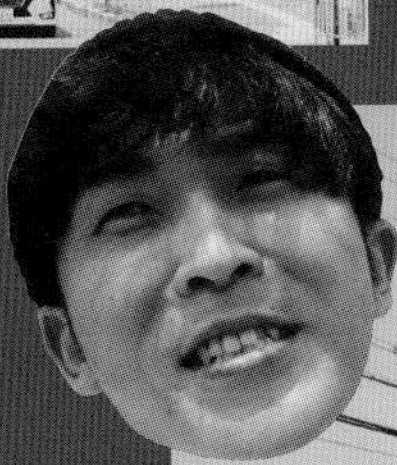

自主 誠実 創造

大阪府立枚方津田高等学校 津友会

なにを基準にしてどっち行ったらええねん

枚方津田高校

FamilyMart

(ALMA MATER)

「やばい遅刻する〜」の道

ampmがファミマになってた♪

なんか未来を見つめてくださいみたいなこと言われて撮った

〈ALMA MATER〉

枚方津田高校

廊下懐かしすぎ。この写真好き

マーガレット襲撃事件の現場検証もできた

58

（ALMA MATER）

YouTubeで、サムネにしたやつ

柏木さんも人生初漫才がここらしい

サッカー部が着替える場所

輝き、

学校入る前、
柏木さん「チューした場所行きたい」とか言ってた

当時もこんくらい手上げてた

Egurechi Tokyo
Jkamij
2023~2024

(HA-TAMIN)

Photo by Ono Tsutomu/ACUSYU

{ 先祖絶対一緒 }

（HA-TAMIN）

さすがにびっくりドンキー食べたい ♪

「えぐいっち tokyo（仮）」はどこに向かうべきなのか

ユビッジャと考える「えく

「えぐいっち tokyo（仮）」はなにが優れていて、なにがまだ足りないのか。ユビッジャ・ポポポ
の完成系とは。それら全ての答えを知る人物であり、なかむら☆しゅんの盟友でもあるユビ
の明るい未来を照らしているのか。

―― 今日は「えぐいっち tokyo（仮）」に何度かご出演されているユビッジャさんと、チャンネルの未来についてお話をさせていただ

―― ところでユビッジャさんは普段どんな YouTube をご覧になっているんですか？ **ユビッジャ** ご存じかどうかわからないんですけど
まに知らんチャンネル言うからびっくりしちゃった……でも、いいですねぇ～。 **ユビッジャ** いいですねぇ～。味噌汁を作るチャンネル
そんなチャンネルあるんや、初耳やわ。 **ユビッジャ** 初耳ですかぁ～？ **なかむら** はいっ！ **ユビッジャ** はいっ！ いいですねぇ～。

―― ユビッジャさんは、「えぐいっち tokyo（仮）」自体はよくご覧になり　ますか？ **ユビッジャ** モチのロンですねぇ～。

―― 「えぐいっち tokyo（仮）」はどういうときに観ることが多いですか？ **ユビッジャ** 結構ですね、寝る直前といいます
ましたぁ～。

―― 寝る前のあの時間、いいですよね。 **ユビッジャ** あの時　　　　間いいですよねぇ～。 **なかむら** そこはユビ
ユビッジャ ユビッジャ、嘘つかないのでっ！ **なかむら** ありがとう　　　　　（笑）。 **ユビッジャ** アリガタコヤキですね

―― 「えぐいっち tokyo（仮）」の中で、ユビッジャさ　　　　んのオススメ動画はありますか？ **ユビ**
れてる？（笑） **ユビッジャ** はいっ！ 結構良いお話さ　　　　れてましたよねぇ～。 **なかむら** スペ
て話してなかったですかぁ～？ **なかむら** みんな単四　　　　派なんじゃない？ **ユビッジャ** そうな
し、単四も使えるっ！ なんだったら単三も使えますしっ！　　　　単二ってあるんですかねぇ～？ **なかむ**
ビッジャ へいへいお待ち、乾電池、よいしょっ！ **なかむら** パクっ！ 美味しい～！ **ユビ**
ジャ 春の息吹だぁ～。

―― 「えぐいっち tokyo（仮）」の中で、ユビッジャ　　　　さんのお気に入りの動画も教えて
くやるプルルルをやってるんです！ シンパシー感じ　　　　ましたっ！ **なかむら** ああ、イワサ
プルルルって。あそこが好きなんや（笑）。 **ユビ**　　　　**ジャ** シンパシーを感じましたっ！ **なかむ**
～？ **なかむら** うん。最後にカメラのアングルが実　　　　は3つあったみたいな、そういうやつ
プルルルが気に入ったんや。「あそこ俺もやるっ！」　　　　て？ **ユビッジャ** シンパシーしか感じ
ユビッジャ シンパシーはシンパシーでしょうがっ！ **なか**　　　　**むら** すいませんねぇ～。 **ユビッジャ**
ユビッジャ アリガタコヤキです～。 **なかむら** タコヤキで　　　　す～。 **ユビッジャ** タコヤキです～。
なかむら パッパッパでしょっ！ **ユビッジャ** ポッポッポでしたねぇ～。

―― ユビッジャさんもご自身で YouTube チャンネルをやってますよ　　　　ね。 **ユビッジャ** はいっ！

―― 「えぐいっち tokyo（仮）」との違いってなんだと思います？　　　　**ユビッジャ** 安全なエリアからお届けして
ジャが安全なエリアですっ！ しゅんさん結構危険なエリアからお届けし　　　　てますよねぇ～。 **なかむら** そうなん？ 自
ろっ！ **ユビッジャ** 失礼じゃないでしょうがっ！ **なかむら** なんでだよっ！　　　　**ユビッジャ** なんででしょう～。 **なかむら** なん
うでしょう？ **ユビッジャ** Cですっ！ **なかむら** 正解っ！ **ユビッジャ**　　　　イエーイ！ 低音のイエーイが出ましたねぇ～。
かむら はいっ！ **ユビッジャ** はいっ！ 響きますねぇ～。 **なかむら**　　　　響きますねぇ～。言いたくなりますねぇ～。
ら 響きますねぇ～。 **ユビッジャ** 響きますねぇ～。 **なかむら** いいで　　　　すねぇ～。 **ユビッジャ** はいっ！ **なかむ**

―― エリアの違いというところなんですね。 **ユビッジャ** そこがたぶん違うと思いますねぇ～。なので、たまには安全なエリアからお届
―― 少し大きな話になるんですけど。 **ユビッジャ** 大きい話ですかぁ～？ **なかむら** 大きい話だっ！ **ユビッジャ** 株かなんかですか
―― ではなくて（笑）。 **ユビッジャ** そうですかぁ～。誰が引っこ抜かっていう話ではなくてですかぁ～？

（YUBIJJA・POPOPO）

Photo by Ono Tsutomu(ACUSYU)　Text by Lamune Hakata

なんでこんなユビッジャ愛おしいんやろう

いっちtokyo（仮）」の未来

は「えぐいっち tokyo（仮）」にとってどのような存在なのか。そして「えぐいっち tokyo（仮）」
ジャ・ポポポーをここに招集。彼らの独自言語で進められる対談は、「えぐいっち tokyo（仮）」

いと思います。**ユビッジャ** モチのロンですねっ！ **なかむら** ユビッジャ、今日は頼むな。 **ユビッジャ** はいっ！
空中白わかめの味噌汁チャンネル」っていうのを…… **なかむら** 知らんよ！ **ユビッジャ** 知らないですかぁ〜？ **なかむら** ほん
ですけど、スーパースローで撮影してるのでですね、ひとつの味噌汁を作るのに10時間ぐらいかかるんですよぉ〜。 **なかむら**
かむら** いい返事ですねぇ〜。 **ユビッジャ** いいですねぇ〜。

…… **なかむら** （大爆笑）びっくりした！ 結構そういう方多いけど、ユビッジャもそうなんや。 **ユビッジャ** めっちゃ特殊かと思って

ジャも普通の人とおんなじなんやな。 **ユビッジャ** そう　　　なんですかぁ〜？ **なかむら** でも嘘ついてないのがうれしい。
〜。
ジャ スペイン人とですね、乾電池について対談し　　　　　てる動画ですっ！ **なかむら** ユビッジャ、ほんまに観てく
人と乾電池についてしゃべることないよ（笑）。　　　　申し訳ないけど。 **ユビッジャ** 単一派か単四派かとかっ
ですかぁ〜？ **なかむら** でも、いいですよぉ〜！ ユ　　　　　　ビッジャ いいですよねぇ〜。単一も使います
作りますかぁ〜？ **ユビッジャ** 作りましょうっ！　　　　　**なかむら** よっこらせっ！ よっこらせっ！ ユ
ジャ 美味しぃ〜！ 春の息吹を感じましたねぇ　　　　　〜。 **なかむら** 春ですねぇ〜。 **ユビッ**

ください。 **ユビッジャ** 後輩の方の特技をほめ　　　　　る動画ですねぇ〜。ユビッジャもよ
のカズがやってたやつ？（笑）。早口言葉の　　　　　ウォーミングアップみたいなので
全然あそこメインの動画ちゃうで？（笑） ユ　　　　　ビッジャ あ、そうなんですかぁ
から。 **ユビッジャ** あれはすごく素敵な動画で　　　　　すよねぇ〜。 **なかむら**
なかったです〜。 **なかむら** シンパシーってな　　　　　んだよっ！ 失礼だなぁ！
すいませんねぇ。ここでアリガタコヤキだっ！　　　　　**なかむら** うれしいです〜。
なかむら 青のりちょうだいっ！ **ユビッジャ** 青　　　　　のりあげますね、ピッピッピー。

るかどうかの違いだと思いますっ！ **なかむ**　　ら え？ 俺が安全な　　　エリアってこと？ **ユビッジャ** ユビッ
分では気づけてないわ。 **ユビッジャ** そ　　うですかぁ〜？ **なかむ**　　ら そうですかってなんだっ！ 失礼だ
ででしょう〜。 **ユビッジャ** なんででしょうねぇ　　　　〜。 **なかむら** Aでしょ　　うか、Bでしょうか、なんででしょうか、ど
なかむら あんま出ないですよぉ〜？ ユ　　ビッジャ 低音のイエーイ　　はなかなか出ないですからねぇ〜。 な
ユビッジャ 天井も広寿司なので響　　　きますねぇ〜。 **なかむ**　　ら はいっ！ **ユビッジャ** はいっ！ **なかむ**
ら はいっ！
けしてみてくださいっ！ **なかむら** ちょっと考えとくわ（笑）。そんなつもりなかっ　　　たから。
〜？ **なかむら** 株の話だっ！ **ユビッジャ** 巨大な株の話ではなくてぇ〜？

しっろい部屋やったなぁ♪

次ページに続く

（ YUBIJJA・POPO ）

Eguchi Tokyo [kami] 2023-2024

──ユビッジャさんから見て、今のYouTube界はこうしたほうがいいというお考えはありますか？ **ユビッジャ** そうですねぇ、今いので、そういう方がいるとですねぇ～、今後の未来、明るくなると思います～。 **なかむら** そんなん思う？（笑） **ユビッジャ** 思ジャ イエーイ！

──逆に「えぐいっちtokyo（仮）」に足りないところや、もっとこうしたほうがいいところはありますか？ **なかむら** 教えてほしい。

なかむら たしかに一発目に出てもらったとき、信じられへんぐらい寒かったよな（笑）。 **ユビッジャ** 適切な温度環境からお届けしましれへんぐらい寒かったもん。 **ユビッジャ** すごかったですねぇ～（笑）。 **なかむら** やばかったよな（笑）。 **ユビッジャ** すごい日で

──「えぐいっちtokyo（仮）」にはそこだけ直してもら えればという感じでしょうか？ **ユビッジャ** あとはですねぇ～。も

い時期なんじゃないでしょうかっ！ **なかむら** たしかに、忘れてたわ。 **ユビッジャ** もう結構ですね、（仮）が外
かむら はいっ！ **ユビッジャ** はいっ！ **なかむら** 外しましょう！（仮）は外しましょう！ **ユビッジャ** はいっ！
たり。よいさほいさのほいさっさですっ！

──でもロゴに（仮）を使っちゃってますもんね。 **なかむら** そうなんですよね。もう（仮）メインの
外せないんですねぇ～。力ではどうにもならないんで すねぇ～。 **なかむら** 力不足ですねぇ～。

──ありがとうございます。今後さらに「えぐ いっちtokyo（仮）」がこうい
いくのがいいのかなと思うので……「たまごっち saitama」になるなんていうの
かぁ～？ **なかむら** たまごっちって結構すぐ死んじゃう やん。 **ユビッジャ** いや、死なへ
ビッジャ しゅんさん次第です～。 **なかむら** わかりま した。「たまごっちsaitama」
いうこと？ **ユビッジャ** 今後は低音も響かせてです ね、バスボイスを出していくと
まにはですねぇ～、高音も響かせていきましょうねぇ ～。 **なかむら** はいっ！

──では最後にですね。 **ユビッジャ** え、最 後な んですかぁ～？ **なかむら** 最後
花一匁で大統領～。 **ユビッジャ** 花一匁大統領 だぁ～！ 1票くださいっ！ **なかむら** いいです
～！ **なかむら** いいですねぇ～。

──「えぐいっちtokyo（仮）」にとってユビッジャさ んはどういう存在になりたいですか
むら 他人ってことにならん？ **ユビッジャ** そうですかぁ ～？ **なかむら** タケシからのイワーク
然遠いですかぁ～。そしたらですね、もう1個だけです ね、ちょっとこれが近いんじゃないかな
ですねぇ～。 **なかむら** それでいいじゃないっ！ **ユビッ** ジャ ええですやんっ！

──なかむらさんからユビッジャさんに聞きたいことはありま すか？ **なかむら** はいっ！ **ユビッジャ** しゅん
すねぇ～。 **なかむら** 正解っ！ **ユビッジャ** アリガタコヤキ だっ！ 逆にちょっと質問してみてもいいですかぁ
在ですかぁ～？ **なかむら** 片手サイズのかさぶた、ぺりはが し！ **ユビッジャ** 大正解っ！ **なかむら** ハスっ

──大丈夫そうです。お疲れ様でした。 **ユビッジャ** おつ ハヤシライスですっ！ **なかむら** いいじゃないっ！ **ユ**
コペコじゃないっ！ **ユビッジャ** そうですやんっ！ **なかむら** ク ロワッサンやん！ かさぶたやん！ **ユビッジャ** かさぶ
ビッジャ いいですねぇ～。 **なかむら** いいですねぇ～。 **ユ** ビッジャ う～ん、天才やんっ！ **なかむら** 天
西先生、宿題忘れましたっ！ **ユビッジャ** 宿題は、やらせてくだ さいっ！ **なかむら** いいですよ！ **ユビッジャ**

ユビッジャの小道具映えるなぁ

ouTube 界はですね、ラルフ鈴木アナウンサーのような滑舌の良さがある人とかですね、ガッツのあるアナウンスをしてる人がいな
すよっ！ 思いませんかぁ〜？ **なかむら** 思うよっ！ **ユビッジャ** 思いますよねぇ〜！ 共感だぁ〜！ **なかむら** イエーイ！ **ユビッ**

ビッジャ目線で。 **ユビッジャ** 「えぐいっち tokyo（仮）」に必要なものと言えばですね、適切な温度環境でやるっていうことですっ！
〜！ **なかむら** 普通にクレームやった（笑）。 **ユビッジャ** あ、全然クレームとかじゃないです〜！ **なかむら** いや、あのとき信じら
れぇ〜。 **なかむら** 風も強くてな。雪降ってもおかしくない日だった。 **ユビッジャ** おかしくなかったですねぇ〜。
したらなんですけども、そろそろですね、（仮）が外れてもいいかもしれません〜。 **なかむら** えっ！ **ユビッジャ** もう本決めしてもい
てもいいぐらいのですね、「えぐいっち tokyo」になってるのでっ！ （仮）は外してですね、本決まりにしましょう！ 本仕込みだっ！ **な**
んなこともあったりなかったりですねぇ〜。 **なかむら** 踏んだり蹴ったりですねぇ〜。 **ユビッジャ** 踏んだり蹴ったりの、あったりなかっ
にしちゃってて。 **ユビッジャ** あ、（仮）が本決まりになっちゃってるんですねぇ〜。 **なかむら** だから外せないんですよ。 **ユビッジャ**
ユビッジャ とんでもないですっ！ 筋トレだっ！ 筋トレしていきましょう〜！

風になっていけばいいんじゃないかというご提案はありますか？ **ユビッジャ** そうですね、たとえばなんですけども、どんどん進化して
はどうでしょう〜？ **なかむら** 「えぐいっち tokyo（仮）」が？ 終わっ ちゃう可能性も高くならん？ **ユビッジャ** あ、そうです
いですよっ！ 育て方次第なんでっ！ しゅんさん、頑張ってくだ さいっ！ **なかむら** そうか。俺次第か（笑）。 **ユ**
になりますっ！ **ユビッジャ** あとはですねぇ〜、低音を響かせるっ ていうのもいいかもしれませんっ！ **なかむら** どう
ね、また幅が広がっていいのかもしれないですっ！ **なかむら** はいっ！ **ユビッジャ** はいっ！ でもですねぇ〜、た

いんですかぁ〜？（笑） **なかむら** & **ユビッジャ** 最後！ 最後！ 最後！ **なかむら** 1問目！ 1問目！ 1問目！
っ！ **ユビッジャ** アリガタコヤキだっ！ **なかむら** タコ ヤキくださいっ！ **ユビッジャ** いいですよぉ

ユビッジャ そうですねぇ〜。タケシにとってのイワーク のような存在になりたいですっ！ **なか**
はもう全然遠いよ。俺とユビッジャに比べたら。もっと 親密なのがいいわ。 **ユビッジャ** 全
こいうのがあるんですけども、あのですね 左の鼻穴 から出た鼻毛のような存在になりたい

さんっ！ どうぞっ！ **なかむら** ユ ビッジャにとって ワクチンとは？ **ユビッジャ** チワワのようなもので
〜？ **なかむら** あ、いいですよっ！ **ユビッジャ** しゅん さんにとって、クロワッサンっていうのはどういう存
ユビッジャ へスっ！ ……大丈 夫そうですかぁ〜？ （笑） **なかむら** 大丈夫そうですねぇ〜。
ビッジャ おいしいじゃないっ！ **な かむら** 腹減った じゃないっ！ **ユビッジャ** 減ってますよっ！ **なかむら** ペ
たドーナツやん！ **なかむら** ペリはが しっ！ **ユビッ** ジャ 相乗効果だっ！ **なかむら** 相乗効果だっ！ **ユ**
才やんっ！ **ユビッジャ** 漫才 やんっ！ **なかむ** ら 漫才やんっ！ **ユビッジャ** 安西だっ！ **なかむら** 安
アリガタコヤキやぁ〜。 **な かむら** それでええ ねん〜。 **ユビッジャ** では、おつハヤシライスですねぇ〜。

（ YUBIJJA・POPOPO ）

Eguiichi Tokyo [Kami] 2023—2024

出演芸人に聞きました！

「えぐいっちtokyo（仮）」ってどんなチャンネル!?

WHAT KIND OF CONTENT IS THE CHANNEL

（WHO LOVES NAKAMURA☆SHUN）

Photo & Text 本人提供

なんと声をかけられたか覚えていますか？

> **Q1** 「えぐいっちtokyo（仮）」にはじめてなかむらさんからご出演をオファーされた際、なんと声をかけられたか教えてください。
> **Q2** 「えぐいっちtokyo（仮）」の動画の中で、一番好きな動画とその理由を教えてください。
> **Q3** 「えぐいっちtokyo（仮）」の動画の中で、まだ見たことがない動画とその理由を教えてください。
> **Q4** 「えぐいっちtokyo（仮）」のご出演によって得をしたこと、損をしたことはありますか？
> **Q5** 『劇場版えぐいっちtokyo（仮）』の配信チケットが5000枚近く売れましたが、どうしてだと思いますか？
> **Q6** 「えぐいっちtokyo（仮）」もしくはチャンネル主のなかむら☆しゅんさんに向けてひと言お願いします！

01 柏木成彦
素敵じゃないか

A1 「柏木さん正直動画撮りません？」／**A2** はーたみん初登場／**A3** なかむらのファンの女のキモいやつのやつ 理由：キモそうだから／**A4** はーたみんを知れたことがだいぶ得 キモい女を知ったのは大損／**A5** はーたみん／**A6** はーたみんをもっと出せはーたみんはーたみん

親友が登場

02

うちだすぺしゃるはーたみん
足腰げんき教室

A1 「はーたみん、ちょっとYouTube出てぇや」／**A2** 「なかむら☆しゅんとうちだすぺしゃるはーたみん」 理由：他のところでは見られないほどの、素の状態の2人を見れるのは相当レアだから。／**A3** 「仲良しユビッジャ・ポポポーと真面目な話」 理由：ジェラシー／**A4** しゅんさんとの真面目な話をたくさんの方々に聞いていただけたことにより、真剣な対談の仕事もできるという事をアピールできた。／**A5** 信頼と実績が、なかむら☆しゅんのことを愛している。／**A6** 枕元に 魚置いて 夢の中でも泳ぎましょう（3・3・7拍子）

2人の世界

04 櫛野
狛犬

A1 突然カメラを向けられていつも通りつっこんでいたら1本の動画になっていました。意味がわからなかったです。／**A2** 【お散歩中に見てはいけないものをみた。】はるさんの表情がおもしろすぎる。／**A3** 全て見ています。／**A4** 得をしたことは出演をきっかけにファンになってくれた方がいること。損をしたことかは分からないですが突然意味のわからないお願いをされてなんの達成感も得れずに不完全燃焼に終わることがあります。／**A5** 純度100％のお笑いを見れるからだと思います。／**A6** 動画出演料をください。

出番合間のお散歩

03

金子きょんちぃ
ぱーてぃーちゃん

A1 オファーってゆうか、仕事終わりにみんなできょんちぃ車で帰ってたら「もう回してんねーん」って勝手にカメラ回してたwwwやばすぎんだろwwww／**A2** ユビッジャ・ポポポーと遊んでるやつwww意味わかんなすぎて見終わった後になんの時間だったんだろ、、、、って何回も見返した（泣）まじなんの時間なわけwww／**A3** 2月21日の1日密着のやつ！えぐいっちで8分は長すぎるwwww何考えてんのって感じ／**A4** 面白い人だね♡って思ってもらえた!やっぴー♡／**A5** 普通に人柄♡なかしゅん嫌いな人見たことない♡全人類なかしゅんすき♡／**A6** 我等友情永久不滅♡

ユビッジャ・ポポポーと遊ぶ

こう見たらそら再生されるやろってメンバー

05

体制
兄弟

後輩を焼肉に連れて行った

A1「頼むなぁ」／A2 僕が出演する『焼肉連れていったのに後輩にボロカス言われる』が一番好きです。これを撮った日はふたりで焼肉を食べて2～3軒飲み歩いてシメにラーメンを食べてベロベロの状態でしゅんさんちに帰って倒れ込むように寝て朝自然と起きてお互いの二日酔いを確認した直後の「カメラ回して」で、後にしゅんさんはこの動画について「だから生まれたあの空気感。ただしゃべってるだけだけど、あの動画にはある意味金と時間がかかってる」と言っていました。チャンネル初の"ゲスト回で8分"なのも個人的にうれしかったし、ふたりのやり取りが面白い動画です。／A3 本当にありません。一本残らず観てます。自分が出る出ない関係なくチャンネルのファンです。／A4 得したこと:僕のコンビの単独ライブに「えぐいっちで体制さんを知って高知から来ました!楽しかったです!!」という感想が寄せられていてとてもありがたいし嬉しかった。損したこと:相方の腕にタトゥーが入っていることを動画内でただただバラされ、相方はそれ以降1本も呼ばれていない。／A5 しゅんさんのつくる普段の動画が面白いこと、しゅんさんの『劇場版』に対する準備が凄まじく当日の盛り上がりがとてつもなかったこと、しゅんさんの共演者たちからの慕われ具合による当日の結束力とライブ後の全員での告知、だと思います!／A6 いつもありがとう(ガチ)

06

大誠
センチネル

（WHO LOVES NAKAMURA☆SHUN）

タクシーにiPhone忘れて　紛失

A1 楽屋で着替えている時に、「動画出てや!」って言われて、5秒後にはしゅんさんがカメラを回しはじめていました。いや俺グラビアアイドルじゃねぇわ!!／A2【速報】タクシーにスマホ忘れる。この動画の前日にしゅんさんに飲みに連れて行ってもらっていたんですが、しゅんさんが結構酔っていたのか、荷物を全部置いて帰ろうとしたので、タクシーまで荷物を持って行って一緒に載せて、携帯も手渡しして、よしこれでたまには後輩らしくできたかなと思っていたら、この動画があがって、俺グラビアアイドルじゃねえって!と思いました。／A3「親友のはーたみんを紹介させて」見たことがないというか楽屋で撮っているところをずっと見ていました。30分くらいずっとやってた気がするけど動画みたら2分になっていて、本当に俺はグラビアアイドルじゃないのにと思いました。／A4「後輩の家族構成がやばい」という動画に出させていただいていまして、僕のややこしすぎる家族構成の話を、手の込んだ編集でおもしろくしてくれているのはありがたいんですが、僕が姉だと思っている人がお母さんだと動画外でも真剣に言われて、一回ちゃんと確認したくなってきてしまっています。もしそうだったらもちろん俺はグラビアアイドルじゃありません。／A5 ひとえにしゅんさんの芸人としての魅力だと思います。あの場にいた人はみんなそう思うんじゃないでしょうか。僕はグラビアアイドルじゃないのでそう思いました。／A6 たくさんの宝物をありがとうございます!今度の撮影の時、えぐいっちとコラボした水着を着たいです!よろしくお願いします!

07

中野なかるてぃん
ナイチンゲールダンス

怪談　～前編～

A1「なかるてぃんちょっと来てや」／A2 プロ怪談師から怪談を聞く【前編】理由:プロ怪談師まむさんのムードの作り方や引き込まれるような語り口、しゅんさんのリアクションも素晴らしくて、怪談好きの僕にとってはYouTube全体で考えても上位で好きな動画です／A3 プロ怪談師から怪談を聞く【後編】理由:タイミングがなくて／A4 得したこと:面白いチャンネルの面白い動画に関わることができて嬉しい　損したこと:100万円／A5 ネイチャーバーガーささもとさんを出演させず、動画出演に留めたこと／A6 お金って返しますか?

08 はる
エルフ

A1 「はる〜ちょっとだけ映って〜」詳細は一個も言われず撮影がはじまりました!

A2 なかむら☆しゅん集は特にアップが楽しみ＋見てたら永遠わろてもうててめちゃくちゃ元気でます!それを自分で作ってるっていうのも考えたら余計面白いです。あと、はーたみんとユビッジャの対談系は終始意味わからないのに面白いので好きな動画です!

A3 基本ほとんど見てるのですが【俳優デビューします】、【エグいゴシップ聞きました】など嘘つけや!と思うやつはあえて見ません。

A4 若手で仲良い人だけでコーナーだけの90分ライブとかが初めてでしかもえぐいっち色満載で普段のお笑いライブとは違う印象で終始楽しかったです。ただ「アイーン」という志村けんさんのギャグを私がして声が高すぎて「カキーン」と聞こえるというくだりがありまして、それをライブで披露するってなった時に気合い入れてアイーン!と言ったのですが、本物の野球のSEを使われてかき消されて恥ずかしすぎました。

A5 ファンの皆さんがしゅんなら面白い企画をしてくれるという期待が芸人も含めて全員一致だったのでゲスト発表前から即完だったというのと、忙しいスケジュールの中こんなに毎日欠かさず変な面白い動画を上げ続けていてそれを有名人のみなさんにも見られていたり話題にもなっていてしゅんの人柄や企画力や全てが合わさったライブだったからなのかなと思いました!

A6 出させてもらえるのは嬉しいねんけど、どんな動画撮るかだけは直前やなくて事前に伝えてもろてええ????いっつも動画上がってからこんな動画なってんかい!って思ってるわ!!!えぐいっち出版おめでとう!!YouTubeの出版ってなんやねん!!!

09 古市勇介
金魚番長

後輩とパンを食べる

A1 「色々任せたで〜!!」 **A2** パンを引きちぎる動画。他人事の様になんか見ちゃう。 **A3** フースーヤさんの動画。1分超えてると長く感じちゃう身体になっているから。 **A4** 気持ち悪いものを出されて、咳をするやつをしゅんさんが楽屋でもやりまくるので喉が死ぬ。 **A5** わかんないよ変だよ **A6** 短い動画なのに内容グエッゴホッゴホッゴホン!!!!!

10 町田和樹
エバース

後輩に借金を返す

A1 気づいたら漏らした男になっていた。 **A2** よしおかちゃんが出てる動画。女性だから。 **A3** ケムリが出ている動画。ライバルだから。 **A4** 人前で漏らすことが怖くなくなった。 **A5** 脳みそを1mmも動かさず笑えるから。 **A6** 僕の下半身が完全に映ってしまった動画が上げられないか毎日怯えています。

11 松井ケムリ
令和ロマン

大麻を吸う人へ

A1 勝手にカメラが回ってることが多い気がします **A2** 『大麻について持論を話します。』理由:釣り動画すぎるから。 **A3** 軟水解散系の動画 理由:僕がよくわかってないから。 **A4** 言ってないことをテロップに書かれる。MBSラジオからの帰りが遅くなることがある。 **A5** チャンネルにあがってる動画の多くがshortsより短いからだと思います。 **A6** どこまで登録者が増えてもめちゃくちゃ短い動画を出し続けてください。

12 山口コンボイ
ケビンス

怪談
〜後編〜

はるの写真なんやねん

後輩の凄すぎる特技

ユビッジャ・ポポポー

13

A1 しゅんさんいつも声をかけてくれる時、空がヘリコプターだらけなのであまり聞き取れないですねぇ〜。／**A2** 後輩の凄すぎる特技を見てさすがに涙の動画ですね。カズさんがユビッジャと同じように唇を鳴らしているからです。／**A3** しゅんさんがお母さんとドライブをしている回ですね。ガソリン足りてるかなあってずっと思ってしまうからです。／**A4** 得をしたこと:しゅんさんがポッケから落としたピザを食べれたことですかねぇ。　損をしたこと:所々に緑の土管がありましたが中に入って調べたりできなかったですねぇ。／**A5** 朝ごはんを食べながら観るとよりパワーがもらえるから／**A6** しゅんさん！またとんでもなく大きいコースターの上に飲み物100個置きましょうねぇ〜。

14 よしおか
シンクロニシティ

A1 覚えていないです。／**A2** 軟水が解散してほしくない理由10選　理由:この動画きっかけで「えぐいっちtokyo(仮)」にハマりました。自身が解散という言葉に敏感なのかもしれません。釣られました。私も軟水には解散して欲しくないので定期的になかむらさんには止め続けてもらいたいです。よろしくお願いします。／**A3** #チャリ沼津ゴール待機生配信　理由:長い。／**A4** 動画を撮る度にお金をもらえてる気がします。現時点で損は絶対してないです。／**A5** 軟水が解散しなかったから。／**A6** 返済期限の確認ですが2040年になります。

軟水が解散してほしくない理由 10選

WHAT KIND OF CONTENT IS THE CHANNEL

Q1 「えぐいっちtokyo(仮)」にはじめてなかむらさんからご出演をオファーされた際、なんと声をかけられたか覚えていますか？

Q2 「えぐいっちtokyo(仮)」の動画の中で、一番好きな動画とその理由を教えてください。

Q3 「えぐいっちtokyo(仮)」の動画の中で、まだ見たことがない動画とその理由を教えてください。

Q4 「えぐいっちtokyo(仮)」のご出演によって得をしたこと、損をしたことはありますか？

Q5 「劇場版えぐいっちtokyo(仮)」の配信チケットが5000枚近く売れましたが、どうしてだと思いますか？

Q6 「えぐいっちtokyo(仮)」もしくはチャンネル主のなかむら☆しゅんさんに向けてひと言お願いします！

A1 「コンボイさん今度えぐいっちの動画撮るんで出てもらえませんか？ありがとうございます！おはようございます。」でした！／**A2** 11月のリサのまむとの怪談話の動画です！展開も面白いですが僕は2人の表情が好きです！／**A3** 上がってない動画なのですが、チャンネルが出来たばかりの頃中村と2人で焼き鳥屋さんでご飯食べてる20分くらいの動画を撮ったのですが中村が長い動画の編集がめんどくさい事に気付いてお蔵入りになってます！／**A4** 得をした事はお客さんからえぐいっち

見ましたって言ってもらえる事が増えた事です！損をした事は中村と楽屋で話してる時、中村は特にカメラを回してても回してなくてもやる事が変わんないから「(あれ今もしかしてどっかでカメラ回ってんのかな？)」とドキドキしちゃうようになった事です！／**A5** 中村が面白いから！あと動画が短いからまだ動画を見た事がなかった人も配信期間中に全部見て勉強してから配信を見れちゃうというハードルの低さも良い！／**A6** 一生分の挨拶をされてるのでスタッフさんも僕には挨拶いらないです！

(WHO LOVES NAKAMURA☆SHUN)

仁木さんの手だ！

Iguicchi Tokyo
(Kami)
2023—2024
Iy

Photo by Kenta Suga&Shun Nakamura
Hair&Make by Yuki Sato
Text by Lamune Hakata

× 須賀健太

ここで著名人最古参「えぐいっち」ウォッチャー須賀健太が登場!!

（GAGA FAN）

「えぐいっちtokyo（仮）めっちゃ好きですっ!」
Xにポストされた須賀健太の投稿を
なかむら☆しゅんと編集部は見逃さない。
ダメ元で即オファー。まさかの即快諾。
大ファンと公言するのは伊達ではない。
須賀健太が質問に答えるたびに、
なかむら☆しゅんはうれしそうである。

なーんだ簡単じゃん

筋金入りのえぐいっちファン

なかむら　「えぐいっちtokyo（仮）」やってたら須賀健太さんとしゃべれることがあんねや……すごいっす。さすがに今日まで緊張してました。

須賀　絶対僕のほうが緊張してますよ！　お話いただいたときは「え、マジ？」と思って。

なかむら　編集の人ともオファーするかずっと悩んでたんですよ。超ダメ元で一回僕のほうからDM送らしてもらいましょうってことになって……返事早かった〜（笑）。インスタもXも、すぐ返事帰ってきた（笑）。

須賀　これ見てください。

なかむら　えぐいっちのロンT着てくれてる！

須賀　suzuriで買いました。これ、今回の取材のお話をいただく前から注文してたんです！

なかむら　ええ！　須賀健太さんが「えぐいっち」にお金使ってくれたってことがまずすごいっす。

須賀　推し活です（笑）。だから今日はもうこれ着てくしかないと思って。

なかむら　熱いっす。これちゃんと書いてくださいね！（笑）

───須賀さんはもともとお笑いが好きだったんですか？

須賀　僕、千鳥さんが大好きなんです。バラエティだと『テレビ千鳥』とか『水曜どうでしょう』をよく観てて、だから「えぐいっち」を発見したときも、自分の好きなお笑いだ！ってすぐに好きになりました。

なかむら　ありがてぇ。

───「えぐいっちtokyo（仮）」にはどうやってたどり着いたのでしょうか？

須賀　tiktokで切り抜きを観たのが最初だったと思います。ネタ中に赤ちゃんが泣いちゃう動画。

なかむら　あの動画からですか！　こうなったからには赤ちゃんに感謝っすね。あそこでよう泣いてくれたっす。

須賀　あと「ニートと居候とたかさき」も観てます。京極さんも出たことあり

───今回の対談は、須賀さんがXで「えぐいっち」についてポストをされたことがきっかけです。あれはどういう経緯だったのでしょう？

須賀　動画で髙橋海人くんの話をされたじゃないですか。あれを見て「やばい売れる！　古参アピールしとかないと！」って思って（笑）。

なかむら　まだ全っ然最古参ですよ（笑）。

須賀　本当に観てたからこそあのタイミングで表明しておきたかったんです。

なかむら　有名な方から「えぐいっちtokyo（仮）」が出てきたのがほんまに初めてでした。間違いなく須賀さんが最古参です。

須賀　でもブレイク早すぎません？とも思ってます。

なかむら　なんか思ったより早く有名人に届いてますよね。

須賀　視聴者としては、クラスの端っこで盛り上がって「昨日のえぐいっち観た？」みたいなのをやっていたいんです（笑）。

なかむら　めっちゃファンの意見（笑）。うれしいです。一個ずつうれしい。

ますよね？

なかむら　須賀健太さんの口から"京極さん"とか出てくるんや（笑）。すごいな。

須賀　ほかにも「岡田を追え!!」とかも観てて、だからおふたりのことは認識してたんですけど、9番街レトロっていう2人組のお笑い芸人っていうのは「えぐいっち」を観るまでは知らなかったんです。あ、ここコンビなんだ！って。

なかむら　最近たまに言われることがあるんですよね。「そことそこコンビなんや」みたいな……これ、コンビとしての活動が足りてないんですよ（笑）。

（GAGA FAN）

芸歴25年の一個下の友達

ecchi Tokyo
[kami]
2023—2024

Eguichi Tokyo
[kami]
2023—2024

【えぐいっちに須賀健太が出るとしたら？】（GAGA FAN）

────須賀さんは「えぐいっち」をどのように楽しんでいますか？

須賀 不思議なチャンネルですよね。今のYouTubeって、いかに収益化するかとか、いかに名前を売るかみたいなところをみんな頑張るじゃないですか。「えぐいっち」はそういうのをすべてを捨ててる（笑）。動画も20秒とか短いですし。

なかむら 須賀さんには全部バレてますね。

須賀 僕もYouTubeをやってて裏側を知ってるからこそ「なにをやってるんだ、このチャンネルは」って思ったんです。もうそういうのはいいんだ、と思ったら面白くなってきて。

なかむら うれしいです。「なにやってんねんこいつ」って思われたくてやってるので。

須賀 根本で言うと、なかむらさんと周りの芸人さんが「えぐいっち」を中心に集まっている様子に僕は謎の青春感を感じていて。大人になるとああいうのってあんまりないじゃないですか。

なかむら へえ！ なんでなんやろう、みんな売れてない芸人やからですかね？ 損得感情とか関係なくとりあえず出てくれてるのがいいのかもしれないですね。あとは劇場がもう開けたたまり場みたいな感じなんで、そういうのもあるのかもしれないです。

────ちなみに「えぐいっちtokyo（仮）」でお気に入りの動画はありますか？

須賀 一番最初に好きになったのは舞台裏の動画です。漫才がはじまるまで楽屋でずっと着替えてて、ギリギリで京極さんのところに行ったと思ったら1ミリも見てない前の出番の芸人さんに「もうちょっと間詰めた方がいい」ってアドバイスしてて。挙動とか、なにからなにまでめちゃくちゃ面白かったです。

なかむら あの動画でそこあんまりほめられてなかったからうれしいです。

須賀 あとは山口コンボイさんの無限挨拶の動画ですね。

なかむら すごい観てくれてる！ 『劇場版』も来てほしかったっす。

須賀 ダイジェスト動画観たら、好きなクダリの詰め合わせになってたので本当に行きたかったです。

なかむら またやるときあったら来てください。今度は出てほしいです。

須賀 芸人さんたちに混じってですか？（笑）あれはまず動画に出ないとファンの皆さんから許してもらえないと思います。

なかむら 動画出てください！

須賀 え！ うれしい！いいんですか（笑）？ 僕が「えぐいっち」に出るとしたらどんな出方がいいですかね……。

なかむら そんなふうに考えてくれるんや（笑）。今のところ有名な方でいうと、misonoさんとカジサックさんに出ていただいてまして。

須賀 「須賀健太が来た‼」みたいにしないほうがいいですよね。misonoさんもカジサックさんも面白い出方でしたし。なかむらさんのファンの方に嫌われたくない。視聴者目線だと、このチャンネルにそれっぽく出たら「いや、そういうの求めてないよ」ってなっちゃうじゃないですか。それよりは「えぐいっち」の世界に入りたいです！

なかむら じゃあもう思いっきり変な感じで使わせていただきます（笑）。絶対に怒らないでくださいね？

須賀 絶対怒りません（笑）。

なかむら めっちゃ考えときます。「須賀健太さんを使った面白動画」ていう大喜利、めっちゃ楽しいです。でも須賀さんくらいの方がご自分の判断で出ちゃって大丈夫ですか？

須賀 大丈夫です。（マネージャーを確認）大丈夫です（笑）。

この時にビアガーデンいく約束した

ネタ出番の時間にギリギリの裏側

──お話を聞く感じ、なかむらさんのことが大好きなのが伝わってきますが、客観的になかむらさんはどこが素敵なんだと思いますか？

須賀 思考回路だと思います。ワードセンスも本当に絶妙。複雑すぎないけど誰にでも出てくるような言葉じゃない。あとはフォルムとかお顔も含めて全部ですね。

なかむら ありがとうお母さん。こんなフォルムに産んでくれて！

須賀 なかむらさんの思考とフィジカルの掛け合わせがちょうど僕のツボで、そう思う人がいっぱいいるんだと思います。

なかむら もう恥ずかしいです。こんなまっすぐほめられるってあんまないっすもん。

須賀 「なかむら☆しゅん集」を観てても、芸人さんがたくさんいる中でも立ち位置が異色というか。あんなにお笑いのプロだらけの中でちゃんと目立ってて。

なかむら あれ、実は異色っぽい場所に立ってるだけなんですよ（笑）。みんなが固まってるところからちょっと離れてひとりで端っこに立って。たまたま来ちゃいましたみたいな顔してやってるんです。ずるいんすよ。

仲良くなりそうなふたり

──おふたり、すごく仲良くなりそうな感じがします。

なかむら 正直すごいしゃべりやすいです。こんなに知ってくれてるんやっていうのもありますけど。

須賀 めっちゃ観てますから！

なかむら 気まずないっすね。僕めっちゃ人見知りなんですけど、芸能人相手に失礼かもしれないですけど、須賀さんは気まずないです。

須賀 よかった。仲良くなれそうってことですもんね。

なかむら 飲みに行きましょうね。絶対。

須賀 絶対行きましょう。

なかむら さっき聞いたら家近すぎるんです。

須賀 家の周りで飲めるってことですもんね。

なかむら ほんまに行ってくれそうすぎる！ またよろしくお願いします！

びっくりドンキー今年で55周年だよ♪

試　験　問　題

注 意 事 項

1. 問題は6ページある。
2. 解答は全て、QRコード先のフォームから答えること。

記述問題

問題文を読んで、以下の問いに答えなさい。

問1. 【ライブ中に骨折してもだえる】より、
なかむらが骨折をした際にネタを披露していた
コンビの名前を答えなさい。

問2. 【㊗侍ジャパン優勝記念】より、
なかむらが優勝の喜びを電話で伝えた相手は
誰か答えなさい。

問3. 【受験の合格発表のテンション。】より、
なかむらの待機番号を答えなさい。

問4. 【後輩に歌ってもらって癒してもらう】より、
めぞん・原一刻が歌っていた
曲の名前を答えなさい。

選択問題

問題文を読んで、以下の選択肢から適当なものを選びなさい。

問1.【軟水が解散してほしくない理由10選】より、
なかむらが軟水に解散してほしくない8個目の理由を以下の4つから選びなさい。

(A)将来が有望　　(B)悲しいから　　(C)芸人に愛されている　　(D)ふわふわでおいしい

問2.【先輩のうどんをさりげなく食べる方法】の概要欄の一言を以下の4つから選びなさい。

(A)俺7%やから先充電していい?　　(B)テスト返しやからまだ楽やけどさ〜
(C)3杯飲むなら飲み放題のほうがお得です　　(D)もう中に水着きてきた

問3.【【胸糞】舞台袖での心の声】での原田の心の声を以下の4つから選びなさい。

(A)お前たちもう諦めたほうがいいんじゃないかな〜　　(B)俺はお前たちより頑張ってるけん
(C)はいダメ、面白くない　　(D)おいうんこども、わかってるよな、来いよ

 開いた瞬間学生時代思い出してガチでいやな気持ちなった

問題文を読んで、以下の選択肢から適当なものを選びなさい。

問1.以下の会話は【仲良しユビッジャ・ポポポーと真面目な話】の動画から引用したものです。
　　空欄に当てはまるものを選択肢から選び当てはめなさい。

【前半省略】

なかむら　　ふぁすはダメだよ〜

ユビッジャ　ふぁすはダメなんですか〜　そこをなんとかしてくださいよしゅんさん

なかむら　　うーん今回だけは…うーーん　実際のとこどうか分かりませんけどねぇ

ユビッジャ　準優勝

なかむら　　でも頑張ったやんかっ

ユビッジャ　頑張ってますよぉ〜

なかむら　　応援してますよ

ユビッジャ　応援ですよぉ〜

なかむら　　フレーフレーユビッジャ

ユビッジャ　フレッフレッメロンパン　フレッフレッメロンパン ……………………………………(1)……………………………………

なかむら　　ぐずぐずぐずぐず　はいはいはい　ぐずぐずぐずぐず

ユビッジャ　そしたら中からネジが出た　ダメダメダメダメ〜

なかむら　　ダメダメダメダメ〜

ユビッジャ　食べーちゃダメダメ　ダメダメダメダメ〜

なかむら　　………………(2)………………　はいっ　ダメダメダメダメ〜

ユビッジャ　ダメダメダメダメ〜　それはダメでもいいけれど　いいもの食べたい準優勝〜

なかむら　　準優勝　頑張ったやんか　頑張ったやんかっ

ユビッジャ　頑張ったやんかっ　頑張ったやんかぁ

なかむら　　優勝よりも価値あるやん　はいっ

ユビッジャ　価値あると言えば蕎麦ですやん

なかむら　　ずるずるずるずる〜

ユビッジャ　ずるずるずるずる〜

なかむら　　わたしねぇずるずる引きずってる元カレがいるんですよぉ〜

ユビッジャ　………………(3)………………

なかむら　　うわぁ〜　はいっ　ずるずるずるずる〜

ユビッジャ　ずるずるずるずる〜　私は実は双子です

なかむら　　知ってますー　ずるずるずるずる〜

ユビッジャ　ずるずるずるずる〜

なかむら　　………………(4)………………

ユビッジャ　ずるずるずるずる〜

なかむら　　ずるずるずるずる〜

ユビッジャ　おもちゃ箱は2つあります

なかむら　　1個だろ

ユビッジャ　ずるずるずるずる〜

なかむら　　ずるずるずるずる〜　あっ　思い出せない

ユビッジャ　そんなこともありますねぇ

なかむら　　はぁっ!

ユビッジャ　はぁっ?

なかむら　　ずるずるずるずるだ!

ユビッジャ　ずるずるずるずる〜

なかむら　　ずるずるずるずる〜

選択肢

(A) メロンパンを振ってみた　トゥトゥン

(B) 工場のっ　おじさんがっ
　　ぽろっと落としたネジが入っちゃってますやん

(C) なにそのバイオリ〜ン

(D) ずるっがしこいい弟います　すたんたんたん

問題は次ページに続きます。

解答は右のQRコードを読み取り、
フォームよりご送信ください。

おれは全問不正解やった♪

（EGUICCHI TEST）

ダイタク　問題文を読んで、以下の問いに答えなさい。

問1. 以下の2枚の写真には左右で異なる箇所が複数個ある。その個数を答えなさい。

個

Eguichi Tokyo
[kami]
2023—2024

(DAITAKU)

Photo by Shiori Banjo

この企画大さんが自ら提案してくれた

（ DAITAKU ）

拓さんはこの日お金を貸してくれた

問2.以下の写真には大・拓がそれぞれ複数人存在する。
　　　大と拓の人数の組み合わせとして適当なものを以下の4つから選びなさい。

Eguicchi Tokyo [kami] 2023—2024

Photo by Shiori Banjo

((DAI

メッセージ良すぎるやつ

（DANTAKU）

下敷きにしたい

Eguichi Tokyo
[kami]
2023—2024

SPECIAL GRAVURE)

Photo by Ono Tsutomu(ACUSYU)

一回普通にチューしてた

(SPECIAL GRAVURE)

最後普通に全裸やった

SPECIAL GRAVURE)

Eguichi Tokyo
[Kimi]
2023 - 2024

(SPECIAL GRAVURE)

（RANKING）

なかむら選

RANKING TITLE

ガチで好きな動画ランキング

1位 | 【ご報告】ついに証拠掴みました

【理由】
ひでき炸裂

2位 | 仲良い後輩にいっぱいなんか厳しく言われた

【理由】
浦田スタークの倒れながらのツッコミ必見

3位 | お酒飲んだらおもんない同期

【理由】
あんなにおもしろい笹本をこうさせるお酒。飲み過ぎは良くないと思える動画

編集部選

RANKING TITLE

「えぐいっちtokyo（仮）」最短動画ランキング

1位 | 異変に気付いた瞬間【8番出口】

【理由】
11秒と非常に短いから

2位 | プロ怪談師から怪談を聞く【後編】

【理由】
12秒とかなり短いから

3位 | 【永久保存版】世界一かわいい動画

【理由】
13秒ととても短いから

編集部選

RANKING TITLE

概要欄の一言文字数ランキング

1位 | 【暴露】山口コ○ボイの闇

【理由】
私は片方の意見しか聞いてないから分からんねんけどなぁ～

2位 | 日本の抱える問題を解決する

【理由】
カウンター席になっちゃいますけど大丈夫ですか？

3位 | 朝ごはんつくる

【理由】
片方の話しか聞いてないから分からんけどなぁ～

なかむら選

RANKING TITLE

編集が大変だった動画ランキング

1位 | 福岡で親友フースーヤと同じ楽屋

【理由】
はじめてフースーヤと動画を撮り、編集の大変さを思い知った。さすがに頭がおかしくなる

2位 | 【親友】同期のフースーヤと対談

【理由】
2度目のフースーヤとの動画。まず編集に取り掛かるまでに1週間かかった。そのくらい覚悟がいる

3位 | 出待ちでファンにされたら嫌な事3選

【理由】
「オゥ♪」みたいな効果音を探すのにかなりの時間を使った

QRコード多い本やな

（RANKING）

なかむら選

RANKING TITLE

何も考えずに笑える動画ランキング

1位 │ 朝ごはんをつくる

朝ごはん

理由
これぞえぐいっちtokyoといったくそしょうもなさ

2位 │ 後輩と激ウマのパンを食べる

後輩とパンを食べる

理由
鼻で「フッ」ってくらいの笑いをご提供できる

3位 │ 不器用じゃんけんチャンピオン

2023年度 世界一
不器用じゃんけん

理由
何も考えずに観てもらわないと困るため。

編集部選

RANKING TITLE

せっかく毎日更新できてたのにランキング

1位 │ 独自の占いお披露目【だるま距離占い】

占いお披露目

理由
毎日更新期間、12日

2位 │ なにしてるか聞いただけで後輩ブチギレ

なんか後輩にキレられた

理由
毎日更新期間、8日

3位 │ 若手芸人の週末ぜんぶ見せ

大阪・京都出番 2日間密着

理由
毎日更新期間、6日

編集部選

RANKING TITLE

令和ロマン松井ケムリ出現時間ランキング

1位 │ 【情報求む】キンプリ髙橋海人さんについての噂

King & Prince
髙橋海人さん

理由
だいたい2分10秒くらいであるから

2位 │ さすがに喧嘩

後輩と口論

理由
だいたい1分51秒くらいであるから

3位 │ 【実録】喫煙所での会話を隠し撮り

隠し撮り
令和ロマン
松井ケムリ

理由
だいたい51秒くらいであるから

なかむら選

RANKING TITLE

お母さんには見られたくない動画ランキング

1位 │ SEX中頭よぎったら確実に萎える動画

▲思い出したら負け
SEX中頭よぎったら激萎え映像

理由
親の前で下ネタを言ったこともない俺はSEXという行為の存在すら知らない男の子を演じてきたから

2位 │ 大麻についての持論を話します。

大麻を吸う人へ

理由
さすがに産んだことを後悔する

3位 │ いとこの結婚式の乾杯の挨拶でスベった

いとこの
結婚式でスベった

理由
母からすると目の前で芸人の息子が、乾杯の挨拶でスベったあの記憶を思い出したい訳がない

この本、何冊売れるんやろう♪

OMOMI-CHAN

全部 おもみちゃんが 知っている

（OMOMI-CHAN）

Eguicchi Tokyo
[kami]
2023–2024

Illust by Natsumi Yoshida
Text by Omomi-chan

01
おもみちゃんのお仕事を教えてください。

昼は引越しのバイトで
夜はラウンジとコンカフェ

02
おもみちゃんは休みの日、
なにをしていますか？

えぐいっちの再生回数増やす為に、
iPhoneとテレビのYouTubeとiPadと
前使ってたスマホで動画回してるよ

03
9番街レトロ
なかむら☆しゅんさんを
好きになった
きっかけを教えてください。

きっかけは好きぴに貢ぐだけ貢いで急にLINE
ブロられて、めっちゃウザくて悲しくて死に
たぁて思ってた時に次の日仕事だし無理に
笑わなきゃと思ってYouTubeでお笑い見よー
と思った時に、かっこよくて可愛いしちょー面
白いしゅんさんのえぐいっち見て絶対いい人
じゃんって好きになったよ

04
なかむら☆しゅんさんファン歴を
教えてください。

歴関係なくない？
それ聞いてくる奴
マウント取ってくるみたいで
腹立つんですけど

昼引越しなん知らんかった

SHUN

Q5
おもみちゃんしか知らない、
なかむら☆しゅんさんの
素顔を教えてください。

2人の時はちょんちょんって触るのに舞台の
上だとおもみちゃんこっちに来てー、て言って
強引に手を引っ張ってくれて。なんだ、私の好
きな人も男なんだって思ったよ。

Q6
なかむらさんにとって
おもみちゃんは
どのような存在だと思いますか？

呼吸

Q7
普段「えぐいっちtokyo（仮）」は
いつ見ることが多いですか？
差し支えなければ
どこでみているかも教えてください。

タバコ吸ってる時、
現場と家

Q8
「えぐいっちtokyo（仮）」の中で、
なかむらさんご自身が
好きそうな動画はなんだと思いますか？

仲良い後輩にいっぱいなんか厳しく言われた
やつかなぁ、浦田スタークとの絡みもしゅんさ
んが活き活きしてるなぁて思うし

Q9
「えぐいっちtokyo（仮）」の好きな動画ランキングベスト3を教えてください。

ベスト1
【ガチファンのおもみちゃんと話す】

理由：顔近かったしあんなにずっと顔みて話し
てくれるし、なんかもうしんどかった。大好き。

ベスト2
【ガチファンと久しぶりに話す。】

理由：私は自分から下着を見せ付けるような
DMは送らないけど気合入れてるところ見て
もらえてよかったかも、

ベスト3
【親友も生きんのむずかった】

理由：わかる。

Q10
逆におもみちゃんが好きくない
『えぐいっちtokyo（仮）』の
動画を教えてください。

【後悔】過ちを犯した夜

普通に気悪い。しゅんさんは、わけわかんな
いそこら辺の男じゃないから。しゅんさんを下
げるのだけは違うから。

Q11
今のなかむら☆しゅんさんに
エールを送るとしたら
なんと声をかけますか？

ない。
自分のままに生きて。

Q12
最後に「えぐいっちtokyo（仮）」の
ファンの方に向けて
ひと言お願いします！

私に嫉妬する
時間あるなら
推しな。

（OMOMI-CHAN）

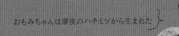

おもみちゃんは深夜のハチミツから生まれた

マーガレット襲撃事件
当事者による新情報

Margaret attack incident
New information from parties involved

（DIRECT MESSAGE）

妹が9番街レトロ大好きで、YouTube全部見てるんですけどマーガレット襲撃事件の話教えてもらって大爆笑しました😂
津田高のマーガレット張本人です笑
頑張って下さい😊！

うわあ！
勝手にいっぱい話してますがどうかお許しください😂😂😂😂

いやいや、こちらこそ当時尖りすぎててすみません笑笑
妹がお姉ちゃんや！言うてめちゃめちゃ喜んでましたありがとうございます🙇😂

お疲れ様です。
自分のYouTubeで本をださして頂くんですが、マーガレットのページを作りたくご連絡させて頂きました🙇
マーガレットの話詳しく聞かしていただけないでしょうか🙇

すごい😳おめでとうございます🙇
全然大丈夫ですよ😌
皆マーガレットの話のYouTube見て爆笑してました笑笑

本当ですか😂😂😂
○○さんも正直うろ覚えだと思うんですけど色々聞かせてください🙇

ほんとにうろ覚えですけど大丈夫ですかね？😂笑

全然です！
ちなみにマーガレットって何人だったんですか？

5人なんですよ！
動画で4人って言ってましたよね😂

マジでごめんなさい🙇🙇🙇
4人か5人くらいやなとは思ってたんですけど

マーガレットが漢字なん知らんかった

一応5人です！
4人のままで通してもらっても全然いいですけど😌😌

今はマーガレットのみなさんとは疎遠になっちゃいました？

今も付き合いあります😊😊
みんなまだ枚方に住んでますよ！

ええ！
すごい！

全員住んでます🏠
みんな結婚してるので、なかなかそんなに会えないですけど🥺

当時の話なんですけど、年下にもマーガレットがいるって聞いた時のことは覚えてますか？

全然嫌とかじゃなかったですけど、自分らのマーガレットやのに誰なんとは思ってました笑
津田高の中でもマーガレットって上の先輩にも知られてたんで、下の子が名乗ってたのはなんなんこいつと思ってたと思います😂

それが男で一人ですみませんでした😭😭

嫌いとかそんなんではなかったです！！
よくいろんな子の教室に乗り込みに行ったりしてたので😂笑

ほんまに動画喋ってるまんまでガラガラってみなさんで入ってきたの覚えてます👻
怒ってるとかではなかったんですけど、どんなやつか見にきたみたいな👻👻

私はマーガレットの中でも強いタイプの子じゃなくて後ろにいるタイプで😂笑
リーダーみたいな強い子が二人いて、教室に入って行ったのも多分その子らやろうなっていう気がします😌

そうだったんですね！今ってマーガレットのグループラインとかあったりするんですか？？👻

グループラインありますよ🙄！

おー！すごい👀👀

もちろんです！
マーガレットステッカーもありますよ😂

ええ！！

枚方のヤンチャな子たちはバイクに貼ったりしてました笑
もしかしたら家探したらあるかもしれないです😂

すみません、本当になんでこんなに頑張っていただけてるのかもわからないんですけど🙏🙏

一緒の津田高なんで😌

この本の中にも津田高校に戻った時のページもあります🎸！

めっちゃたのしみです😂😂

ちなみにマーガレットってなんでマーガレットって名前だったんですか？

最初は全然中学の違う子で集まって6人のグループだったんです😌

一人減ってた😂😂そうなんですね！

そうなんです😂
一人抜けちゃって、その時にみんなでグループ名を考えようってなって当時はみんなの頭文字をとってグループ名を作るところが結構多かったんですけど、それやったらありきたりやなってなって😌

全然知らない話でした😳

初めはまた別の名前だったんですよ！

なんていう名前だったんですか？

キャベツです笑

尖ってますね😂笑

その後なんかわかならいですけどマーガレットってなって、マーガレットに漢字をつけました😌

ええ！！！！新情報ですね！

だからほんとはマーガレットって漢字なんですよ😂

どうやって書くんですか？

魔雅麗斗
です

めっちゃイカついですね😂😂

今はみんなちゃんと丸くなってるんですけど、結構尖ってたので笑

すごい😂😂ちなみになんですが、当時のマーガレットさんの写真とかを本に載せたりできないでしょうか🙏🙏🙏

ええ！
それはみんなに聞かないとかもしれないです！！🫠

そうですよね👀👀

当時の写真、成人式とかのやったらあるかもしれないです！！🫠
高校生の写真あるかな……

ちなみに顔隠してやったらハードル下がったりしますか？

ちょっとみんなに聞いてみます！😉

すごいお手間をおかけしております😭😭

それは全然大丈夫です！
高校の時の写真持ってるかみんなに聞いてみます！😌

メッセージを入力...

魔雅麗斗
-2008.9.27-

ステッカー欲しすぎ

ズボンきつすぎて4人がかりでやっと脱げた

90

スタジオの前通る人怖がってたなあ

CREDIT

Eguicchi Tokyo {kami}

Editor In Chief
Shun Fukuda

Art Direction & Dedign
Yusuke Shibata (soda design)

Design
Hayato Mikami (soda design)

Photographers
Hiyori Korenaga
Maho Korogi
Shiori Banjo
Shota Kashiwai
Tsutomu Ono (ACUSYU)
Yumeippei

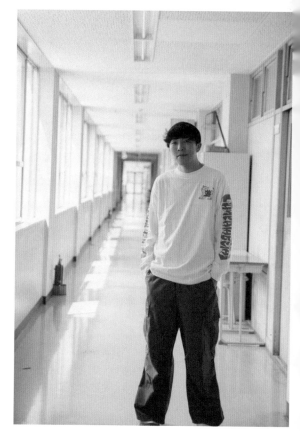

Photo by Yumeippei

PRESENT

なかむら☆しゅんサイン入り サムネイルパネル

74ページ〜79ページの問題に解答した方の中から抽選で12名に「えぐいっちtokyo（仮）」サムネイルパネルをプレゼント。ご解答は75ページのQRコードから。ご希望の番号も忘れずフォームにご記入ください！

※当選発表は、発送をもって変えさせていただきます。

なんか·サイン書くだけでええ感じ

拝啓　えぐいっち

（MOTHER）

〒160-8571

東京都新宿区愛住町二二

第三山田ビル四F

株式会社　太田出版　御中

芸人雑誌編集部

　　　　　　様

母より

お母さん登場♪

(MOTHER)

しましたし、とても嬉しかったです。更に書籍化!? 進化が凄すぎてます。これも沢山の方が「えぐいっち TOKYO (仮)」を観て貰えたおかげだと感謝でいっぱいです。

これからも頑張って継続して沢山の方を楽しませて下さい。期待しています。

最後になりましたが「えぐいっち TOKYO (仮)」をいつも視聴して頂き、応援ありがとうございます。

これからもどうぞよろしくお願い致します。最後に

「あの〜出来ればでいいんだけどやっぱりいいや」 ←これはあまり好きではないです。笑

中村 母

{めっちゃ親

「えぐいっち TOKYO（仮）」を頑張る息子について

当初は、個人でユーチューブをする事が続くかと正直心配してました。ですが、始め出したらちゃんと投稿してはいてるなとは思いましたが短かさに驚きました。観てるうちに、あの短さがとても観やすくて、短い中にちゃんと笑えて、今では短かさが最大〝魅力だと感じているくらいです。

で「えぐいっち TOKYO（仮）」を継続出来て、沢山の方に観て頂いてなんとライブ劇場版までする事になり、びっくり

字きれいやな

SHUN

このカツラ5万した

YouTube@tokyo-cx2ge